U0225813

太阳能发电激励政策研究

解百臣　郝　鹏　章　露　谭　旭　著

科学出版社

北京

内 容 简 介

本书从理论方法和实证分析两个角度，对太阳能发电激励政策进行深入研究。首先，对中国太阳能发电行业发展状况和激励政策研究进行了全方位、多层次阐述。其次，立足于电力市场非对称信息环境深入探讨太阳能发电激励政策的选择，以及太阳能发电行业的监管手段，为决策者提供技术支持方案和政策改革建议。

本书可供电力系统及能源领域的企事业单位管理工作者、各级政府部门决策人员、高等院校师生、科研机构政策研究人员等相关人士阅读参考。

图书在版编目 (CIP) 数据

太阳能发电激励政策研究 / 解百臣等著. — 北京：科学出版社，2025.3
ISBN 978-7-03-078537-4

I. ①太⋯　II. ①解⋯　III. ①太阳能利用—研究　IV. ①TK519

中国国家版本馆 CIP 数据核字 (2024) 第 100142 号

责任编辑：徐　倩 / 责任校对：姜丽策
责任印制：张　伟 / 封面设计：有道设计

科学出版社 出版
北京东黄城根北街 16 号
邮政编码：100717
http://www.sciencep.com
北京天宇星印刷厂印刷
科学出版社发行　各地新华书店经销

*

2025 年 3 月第 一 版　　开本：720×1000　B5
2025 年 3 月第一次印刷　　印张：9 1/4
字数：184 000

定价：108.00 元
（如有印装质量问题，我社负责调换）

前　　言

2000 年以来，清洁能源发电经历了从无到有的发展过程，目前二者总规模均遥居世界首位。我国 2021 年新增光伏发电并网装机容量约 5300 万千瓦，2013～2021 年连续 9 年稳居世界首位。截至 2021 年底，光伏发电并网装机容量达到 3.06 亿千瓦。

这些成果虽然显著提高了太阳能光伏发电行业的规模，但仍不足以应对日益增加的环境压力、实现社会可持续发展。我国正大力推进清洁能源发展和电力市场化改革，通过持续的政策改革和技术创新，大力发展绿色能源，优化电源结构，减少能源消耗和环境污染。太阳能发展路径的选择需要科学设定激励政策。如何科学评估以往政策改革的成效、如何在保证电力供应的前提下加快清洁能源发展、如何逐步实现电源结构的优化调整是亟待研究的重要课题。

本书运用博弈论、机制设计相关理论、方法，提出激励政策实施策略和监管手段的选择方案。研究成果可用于以往政策改革效果分析，以及市场化改革背景下各决策主体改进策略研究。希望本书能为探索太阳能光伏发电发展方向提供基础理论框架和决策技术支持。本书关注的主要问题包括以下几个方面。

(1) 太阳能发电行业发展状况与面临的挑战。

在延缓气候变化已成为国际共识的时代背景下，包括中国在内的多个国家制定了多种政策限制温室气体排放，以改善能源结构，其中加快清洁能源发展是应用最为广泛的政策。光伏发电作为可再生能源发电最主要的形式之一，近年来获得了很大的技术进步，伴随发电成本的快速降低，装机规模不断增长。面临不断变化的市场环境，政府需要不断调整光伏发电的激励政策，规避市场上的道德风险行为，减少光伏电站建设中的串标现象，确保光伏发电项目审计等政策发挥预期作用。

(2) 太阳能发电激励政策研究综述。

众多研究已经从太阳能光伏发展的低碳、清洁、高效和稳定等方面探讨了其激励方案或策略的有效性，以及影响因素，提出了相应的政策建议。以光伏激励政策视角，从光伏发电激励政策、招标策略、监管政策等方面展开综述，为后续研究工作奠定基础。

(3) 太阳能发电激励政策模型构建。

该部分研究紧扣我国电力部门正在由计划管理模式过渡到开放竞争模式的市场化改革背景,结合我国电力部门运行的实际考虑光伏发电厂商的成本补偿规则,应用显示原理甄别发电厂商类型。在此基础上,先后推导出委托代理问题的优化模型、连续型甄别问题的包络定理以及微分博弈一般模型,并给出基于优化控制的模型求解方法。

(4) 太阳能发电激励政策选择研究。

该部分研究比较在复杂的政策和信息环境下普遍使用的上网电价补贴与清洁能源配额政策及其组合政策,探求我国近期适用的光伏发电激励政策。结果表明:组合激励政策在太阳能发电发展初期效果最好;组合激励政策可以中和上网电价补贴或配额制带给社会福利的剧烈波动;当光伏发电的平准化成本低于化石能源的平准化成本时,配额制是有利的。

(5) 太阳能发电项目招标策略研究。

该部分研究补贴政策实施中的监管策略。考虑光伏发电领跑者计划竞标中的行为主体:委托人、招标人和竞标企业,以及招标人和竞标企业之间可能存在的串标行为,采用完美贝叶斯均衡方法,得出一些有价值的见解。第一,低价竞标能够有效避免串标。第二,只有在发电成本高、税收高、稳定性差、高新技术普及程度低的情况下,才可以采用低价中标的方式。第三,简单剔除高成本投标人的强力监管手段是不可取的,而放任串标的做法更加不值得提倡。

(6) 太阳能发电成本审计监管策略研究。

该部分研究复杂道德风险的监管策略。考虑逆向选择与道德风险,借助贝叶斯均衡分析和机制设计手段,提出放松、适度以及严格三种监管策略下企业的规避措施。结果表明:光伏发电企业有动机参与成本虚报;当市场不能存在成本虚报,尤其是当市场充斥合谋时,严格监管势在必行。

本书是天津大学管理与经济学部能源经济与电力政策研究团队长期以来研究成果的总结。围绕光伏发电激励机制等主题开展研究,以期能推动电力经济学、电力政策等学科的应用和发展,为企业确定发展战略、政府制定电力发展规划和政策改革提供策略分析工具和决策技术支持。

本书由解百臣负责总体设计、策划、组织和统稿。第 1 章由解百臣、郝鹏、章露完成;第 2 章由章露完成;第 3 章由郝鹏、谭旭完成;第 4 章由解百臣、郝鹏、章露完成;第 5、6 章由郝鹏、章露完成。本书是研究团队全体成员的智慧结晶。另外,赵涛、林盛、郭均鹏、刘立秋、郑立群等参与了本书部分章节的讨论及修订等辅助性工作。

本书的研究和撰写过程得到了国家社会科学基金重大项目(22&ZD104)、国家自然科学基金专项项目(72243009)、国家自然科学基金项目(72174141,72171165)、教育部人文社会科学研究一般项目"碳中和目标下电力系统网源优化机制及其政策协同研究"（21YJA630023）等的支持，先后得到余贻鑫院士、张维、王成山、杨列勋、李敏强、何桢、马寿峰、杨晓光、范英、耿涌、王兆华、周鹏、龙勇、杜慧滨等的鼓励、指导、支持和无私帮助。我们很荣幸在著书过程中得到了许多国外专家的支持和帮助，尤其是剑桥大学能源政策研究中心的迈克尔·波利特 (Michael Pollitt) 教授、加利福尼亚大学圣克鲁兹分校的陈义旭 (Yihsu Chen) 教授、芬兰阿尔托大学的蒂莫·库奥斯曼恩 (Timo Kuosmanen) 教授等为本书提供了许多有益的意见和建议。在此，向上述专家表示衷心的感谢和诚挚的敬意！并向本书所有引文的著者表示最真诚的感谢！

　　由于我们的知识水平有限，书中难免存在疏漏与不足之处，恳请各位读者批评指正！

2024 年 7 月于天津大学

目　　录

第 1 章　太阳能发电行业发展状况与面临的挑战 ······························ 1

1.1　太阳能发电激励政策回顾 ·· 1

1.2　太阳能发电行业面临的挑战 ·· 2

第 2 章　太阳能发电激励政策研究综述 ···································· 5

2.1　太阳能发电激励政策研究 ·· 5

2.2　太阳能发电招标策略研究 ·· 7

2.3　太阳能发电监管策略研究 ·· 8

2.4　文献评述 ·· 10

第 3 章　太阳能发电激励政策模型构建 ···································· 11

3.1　非对称信息下太阳能发电激励机理 ·································· 11

3.2　非对称信息下太阳能发电监管机理 ·································· 15

3.3　本章小结 ·· 19

第 4 章　太阳能发电激励政策选择研究 ···································· 21

4.1　问题背景 ·· 21

4.2　集中计划的市场结构 ··· 23

4.3　双层监管的市场结构 ··· 28

4.4　甄别监管的市场结构 ··· 33

4.5　数值模拟和反事实分析 ··· 39

4.6　本章小结 ·· 71

第 5 章　太阳能发电项目招标策略研究 ···································· 72

5.1　模型 ·· 73

5.2　均衡分析 ·· 85

5.3　关于均衡分析的讨论 ··· 95

5.4　本章小结 ·· 97

第 6 章　太阳能发电成本审计监管策略研究 ……………………………… 98

　6.1　模型和分析结果 ……………………………………………… 99

　6.2　根据审计强度进行的均衡分析 ……………………………… 107

　6.3　涉及参数的反事实分析 ……………………………………… 113

　6.4　关于均衡与反事实分析的讨论 ……………………………… 124

　6.5　政策建议 ……………………………………………………… 125

　6.6　本章小结 ……………………………………………………… 126

参考文献 ………………………………………………………………… 128

后记 ……………………………………………………………………… 137

第 1 章　太阳能发电行业发展状况与面临的挑战

1.1　太阳能发电激励政策回顾

进入 21 世纪以来，我国电力行业经历了两次重大改革。一是 2002 年国务院印发的《国务院关于印发电力体制改革方案的通知》（国发〔2002〕5 号）（简称 5号文），二是 2015 年中共中央、国务院印发的《中共中央 国务院关于进一步深化电力体制改革的若干意见》（中发〔2015〕9 号）（简称 9 号文）。5 号文旨在改革原有的纵向一体化电力管理体制，启动以"厂网分开、竞价上网、打破垄断、引入竞争"为主的新一轮电力体制改革[①]。这次改革奠定了很长一段时间内我国电力管理体制的基本框架，并成功地在发电侧推行标杆电价、竞价上网政策。然而由于输配环节的天然垄断性，很长一段时间内并未真正建立起有效的竞争机制。我国相继颁布和实施了多项改革办法：2004 年 3 月，国家电力监管委员会与国家发展和改革委员会印发《电力用户向发电企业直接购电试点暂行办法》，并于 2006年在广东台山等地推行了大用户直购电改革。2014 年 6 月，中央财经领导小组第六次会议提出，坚定不移推进改革，还原能源商品属性，构建有效竞争的市场结构和市场体系[②]。2014 年 10 月，国家发展和改革委员会印发《深圳市输配电价改革试点方案》。2015 年 6 月，蒙西电网输配电价改革起步，深圳和蒙西两地的改革方案均提出将实行独立的输配电价和输配电准许成本核定办法，这拉开了新电改的序幕。2015 年 9 号文发布，明确提出要理顺电价形成机制，完善市场化交易机制，建立相对独立的电力交易机构，更多发挥市场机制的作用。截止到 2017 年底，输配体制改革已经在除西藏外的所有省（自治区、直辖市）全面铺开。这轮输配体制改革，将对电价形成机制和电网盈利模式产生深刻影响，其进程将影响电网对实体经济的让利程度和支撑作用。

电力市场体制机制改革在电力输配领域同样取得了很大成绩，尤其是在 2006年开始进行智能电网建设后。智能电网计划是国家电网公司 2009 年 5 月 21 日首

---

① 新一轮电力体制改革，以下简称新电改。
②《习近平：积极推动我国能源生产和消费革命》，http://cpc.people.com.cn/n/2014/0614/c64094-25147885.html[2020-09-28]。

次公布的，其内容如下：坚强智能电网以坚强网架为基础，以通信信息平台为支撑，以智能控制为手段，包含电力系统的发电、输电、变电、配电、用电和调度各个环节，覆盖所有电压等级，实现"电力流、信息流、业务流"的高度一体化融合，是坚强可靠、经济高效、清洁环保、透明开放、友好互动的现代电网。坚强智能电网的主要作用表现为通过建设坚强智能电网，提高电网大范围优化配置资源能力，实现电力远距离、大规模输送。

2009～2010 年是规划试点阶段，重点开展坚强智能电网发展规划，制定技术和管理标准，开展关键技术研发和设备研制，开展各环节的试点。

2011～2015 年是全面建设阶段，特高压电网和城乡配电网建设加快，初步形成智能电网运行控制和互动服务体系，关键技术和装备实现重大突破与广泛应用。

2016～2020 年是引领提升阶段，全面建成统一的坚强智能电网，技术和装备达到国际先进水平。电网优化配置资源能力大幅提升，清洁能源装机比例超过40%，分布式电源实现"即插即用"，智能电表普及应用。

2020 年中国建成以华北、华东、华中特高压同步电网为中心，东北特高压电网、西北 750 千伏电网为送端，联结各大煤电基地、水电基地、核电基地、可再生能源基地，各级电网协调发展的坚强智能电网。华北、华东、华中特高压同步电网形成"五纵六横"主网架。

作为重要的送端电网，西北电网"十二五"期间在已有的 750 千伏电网结构基础上，加强省区间联系，提高电网交换能力和抵御严重故障能力，保障风电等可再生能源的接入和消纳，与华北、华东、华中特高压电网紧密相连。

"十二五"期间，南方电网重点建设糯扎渡、溪洛渡等大型电站外送直流工程。2015 年西电东送主网架在 2010 年"五直八交"的基础上形成"九直八交"送电通道，各省（区）形成坚强的 500 千伏骨干网架，实现海南与南方主网 500 千伏双回路联网，加强与港澳特区联网，保障港澳电力可靠供应。

2020 年城市用户供电可靠率达到 99.955% 以上，农网用户供电可靠率达到99.810% 以上。中国电网智能化发展以坚强网架为基础，以通信信息平台为支撑，以智能调控为手段，包含电力系统的发电、输电、变电、配电、用电和调度六大环节，覆盖所有电压等级。到"十三五"末，智能电网基本实现安全、可靠、绿色、高效的发展愿景，电网智能化达到较高水平。

1.2　太阳能发电行业面临的挑战

1）光伏发电行业面临重要转型

我国光伏发电的装机规模、新增装机容量、新增投资都居世界领先地位[1]。国家发展和改革委员会与国家能源局下发的《电力发展"十三五"规划（2016—2020

年)》[2] 指出,非化石能源装机占比从 2010 年的 27% 提高到 2015 年的 35%;"十二五"期间,光伏发电年均增速已经达到 168.67%。与此同时,9 号文[3] 指出,"节能高效环保机组不能充分利用,弃水、弃风、弃光现象时有发生"。中国工程院院士杜祥琬[4] 认为,"集中式的智能电网和分布式的微网双向互动""'远方来'和'身边来'相结合并强化后者"是"我国能源革命的新思路"。另外,光伏发电技术创新势头强劲,成本迅速下降[5]。据国际可再生能源署(International Renewable Energy Agency, IRENA)《2018 年可再生能源发电成本报告》[6],2010 年至 2018 年光伏发电平准化成本下降 77%。何建坤[7] 认为,在很多情况下光伏发电的经济性已经可以与化石能源发电竞争。2020 年 4 月,国家能源局发布的《中华人民共和国能源法(征求意见稿)》[8] 第四十七条(可再生能源开发)指出,"坚持集中式和分布式并举、本地消纳和外送相结合的原则发展风电和太阳能发电",突出分布式和本地消纳的行业转型趋势。

2)光伏发电激励政策发生重大转变

国家发展和改革委员会发布的《可再生能源发展"十三五"规划》(发改能源〔2016〕2619 号)[9] 指出,"十三五"期间,国家"实施强制性的市场份额及可再生能源电力绿色证书制度,逐步减少新能源发电的补贴强度,落实可再生能源发电全额保障性收购制度,提升可再生能源电力消纳水平"。从《国家发展改革委 国家能源局关于积极推进风电、光伏发电无补贴平价上网有关工作的通知》(发改能源〔2019〕19 号)[10] 和《国家发展改革委办公厅 国家能源局综合司关于公布 2019 年第一批风电、光伏发电平价上网项目的通知》(发改办能源〔2019〕594 号)[11] 中发现,补贴力度正在逐渐降低,全面平价上网已经渐行渐近。与此同时,激励政策力度的讨论认为,包括太阳能光伏在内的清洁能源发电的发展速度不宜过快,激励强度不宜过高[12-15]。而且,随着清洁能源配额制度的逐步建立[16],激励政策的叠加效应开始显现,政策环境逐渐复杂化。

3)光伏发电项目采购的社会影响广泛

光伏发电属于公共事业部门,事关居民用电基本保障,必将受到社会的广泛关注。光伏领跑者中标企业通过使用光伏发电基地,间接获取国家补贴。光伏领跑者基地项目[17] 的社会影响广泛。而且,中标者经常希望以超低价格中标,给生产经营带来巨大压力[18],需要项目采购的机制设计提供决策依据。由于委托人始终无信息优势,需要克服逆向选择难题;并且由于信息的非对称性,委托人还面临着道德风险的困扰。所以,非对称信息环境引起的"市场失灵"加剧了遴选光伏发电厂商的难度。

4)复杂信息环境下光伏审计监管难以精准施策

在国家激励政策转型的宏观环境下,依靠补贴得以快速发展的清洁能源发电企业开始积极探索能源互联网建设中的创新商业模式。康重庆等[19] 发现,光伏生产企业正在面临转型，从制造业向光伏发电行业渗透，投资分布式发电站，建设屋顶光伏。在补贴退坡和平价上网[20] 的大趋势下，光伏发电企业的生存空间被大量挤压。政府自 2018 年以来加大了光伏审计的监管力度[21]，某些省份报告了光伏审计案例，折射出事前监管机制设计的重要性；而有些省份采取严格的应对方案，取消了所有光伏电站建设[22]，又显示出监管手段选择的困难程度。

在这种背景下，光伏发电行业面临前所未有的机遇和挑战。本书将在复杂的政策环境和非对称的信息环境下研究光伏发电的激励机理，在光伏发电发展的转型关键时期为行业激励政策的选择提供政策建议，明确未来我国适用的光伏发电激励政策，分析当下制约行业发展、影响较为严重的道德风险行为，提供可供借鉴的光伏发电行业道德风险行为监管策略。

第 2 章　太阳能发电激励政策研究综述

在过去的近三十年间，全球范围内的电力部门经历了深刻的变革和重组，其发展正面临着新的技术、政策、经济和社会环境，深入探究诸多因素对电力部门发展的影响已经成为能源和经济领域的研究热点。尤其是，能源体制变革的总趋势，经济可持续发展转型的总诉求，皆驱动电力部门朝着更为全面的市场化方向迈进，对研究电力部门的发展提出了新的挑战，提供了新的视角。本章的文献综述将分别从光伏激励政策、招标策略、监管策略等方面依次展开。

2.1　太阳能发电激励政策研究

在温室气体排放监管的大背景下，各个国家都面临这样的挑战：如何制定政策，使之既符合社会福利极大化目标又能鼓励清洁能源发展，并在激烈竞争的市场中降低排放[23]。一方面，理论研究经常把社会福利作为优化目标[23-24]。Alizamir 等[23] 设计了成本－效率和社会福利优化的上网电价补贴政策激励清洁能源投资。Yang 等[24] 使用关于补贴的博弈分析来优化清洁能源发电投资的社会福利。Hao 等[25] 在社会福利优化的目标下甄别激励政策的适用环境。另一方面，实证研究经常把社会福利当作主要问题来研究。例如，清洁能源电力用户的补贴对于工业增长和社会福利影响的研究[26]，挪威－英国电力市场联动对于社会福利和清洁能源发电整合作用的研究[27]，等等。

光伏发电激励政策，如上网电价补贴和清洁能源配额政策，极大地影响着电力市场。较为早期的研究集中于激励政策的定性分析[28-32]，之后的研究则从理论模型的角度评估它们的影响。例如，绿色证书交易机制的出现将导致市场力发生作用，阻碍清洁能源电力发展并引起社会福利的向下扭曲[33]。Sadeghi 等[34] 探讨了实施上网电价补贴政策，尤其是当需求侧的顾客承担补贴的经济负担时，对于社会福利提升的影响。除了理论分析之外，很多研究者借助实证研究手段评估了清洁能源电力激励政策的影响程度。例如，配额政策的实施与清洁能源发电装机容量之间相关关系[35-36] 的研究，上网电价补贴政策对清洁能源发电技术革新激励作用的实证研究[37]，等等。García-Álvarez 等[38] 甚至坚定地认为，因为补贴在促进达成清洁发电目标方面卓有成效，所以建议欧盟应该鼓励补贴政策的实施，以激励陆上风电的开发利用。

也有很多学者在发电企业对激励政策的反应方面开展研究。这些研究涉及：应用实物期权方法研究发电企业对外生的、随机的绿色证书价格的反应[39]，对发电装机投资和电力现货市场交易的探究，等等。Murphy 和 Smeers[40] 认为，在双寡头垄断市场上，当发电企业需要进行装机投资的时候，作为激励手段的期货合约不会减缓市场力的作用。而且，在补贴抑或配额激励政策环境下，当清洁能源发电量得到明显增长的时候，传统能源发电企业的收益将会大幅度降低[41]。除了完全信息外，一些研究还涉及不完全信息。例如，对非对称信息下的能源效率的研究[42] 发现，清洁能源发电企业可能会隐藏自身的成本来获取更多的利润。Yang 等[24] 以电力用户的消费者剩余极大化为目标，对发电企业的道德风险行为进行了分析，建议政府甄别发电企业的类型。

除了发电企业外，激励政策的设计也引起学界的关注。Fischer[43] 探究了清洁能源配额政策对于均衡电价的影响，发现温和的配额目标可以降低均衡电价，而严苛的配额目标会降低化石能源发电量。Zhou 等[44] 发现组合税收和补贴共同作用的激励策略，比激励政策单独作用对清洁能源发电的激励效果更为有效。Khazaei 等[45] 提出了一种带有斜率的合规惩罚政策和自行调节的需求计划，来平抑绿色证书交易价格。Antweiler[46] 则考虑随机需求变动下能源间歇性以及包括上网电价补贴和装机补贴在内的最优定价工具，对能源的可替代性或互补性程度进行了评价。

清洁能源激励政策，如排放权交易、碳税、上网电价补贴和可再生能源配额制 (Renewable Portfolio Standards, RPS) 被诸多文献做了比较分析。虽然每种激励政策都能增加清洁能源发电的渗透能力并借此降低温室气体排放，但是 Haas 等[47]、Mormann[48] 以及 Butler 和 Neuhoff[49] 认为补贴好于包括配额在内的其他激励政策。就补贴政策而言，程承等[14] 发现，上网电价补贴、市场补贴和成本补偿的激励效果依次递减。对上网电价补贴、配额和电价补贴的比较[50] 认为市场溢价和补贴能够以较低的成本提高清洁能源发电渗透率并降低二氧化碳排放，而配额可以取得较为稳定的效果。与补贴比较起来[51]，配额和绿色证书交易将显著降低电力部门利润，并可以有效地降低监管者在清洁能源发电促进方面的投入。如果将绿色证书交易价格视作内生变量[52]，则可以检验配额、排放权交易和绿色能源计划之间的相互作用，其中绿色能源计划考虑了配额政策设计的两个方面：重复计算和捆绑计算。Ciarreta 等[53] 将基于绿色证书交易的规制体系与上网电价补贴的激励政策进行了对比分析，发现绿色证书交易可以使清洁能源发电的目标得以实现，并且能够降低规制成本。激励政策叠加效果的研究[37,43,54] 则认为，收紧二氧化碳排放上限的同时固定配额标准，将会对清洁能源发电商造成不良的后果，但是在固定的二氧化碳排放上限条件下，配额的作用效果是不确定的。此外，Tsao 等[55] 发现，强化一种激励政策将削弱另一项政策的激励强度。Hao 等[25] 发现，上网电价补贴和可再生能源配额组合政策、上网电价补贴以及可再生能源配额政策分别适用于清洁能源发电从初始到成熟再到高质量发展的不同阶段。表2-1给出了政策比较和相应的结果。

表 2-1　激励政策比较及其结果

比较	结果	文献
上网电价补贴和可再生能源配额	上网电价补贴优于可再生能源配额	Butler和Neuhoff[49]，Haas 等[47]，Mormann[48]
上网电价补贴、可再生能源配额和市场补贴	市场补贴和上网电价补贴降低成本，而可再生能源配额效果更稳健；上网电价补贴、市场补贴和成本补偿的激励效果依次递减	程承等[14]，Ritzenhofen 等[50]
上网电价补贴和 RECs 下的可再生能源配额及其组合政策	RECs下的可再生能源配额交易降低了发电部门的利润，并有效降低了用于补贴监管的投入；上网电价补贴和可再生能源配额组合政策、上网电价补贴和可再生能源配额分别适用于光伏发电的初始到成熟再到高质量发展的不同阶段	Zhang 等[51]，Hao 等[25]
可再生能源配额、排放权交易和绿色能源计划	双重计算的政策设计令可再生能源配额更加高效	Chen[52]
RECs 和上网电价补贴	RECs 能达到可再生能源发电目标，并降低监管成本	Ciarreta 等[53]
排放权交易和可再生能源配额	收紧二氧化碳排放上限，同时固定可再生能源配额，将损害可再生能源发电商的利益；而固定二氧化碳排放上限时，可再生能源配额的政策效果并不确定；一项政策强化，将减弱另一项激励政策的市场激励作用	Böhringer等[37]，de Jonghe等[54]，Tsao 等[55]，Fischer[43]

注：RECs 表示 renewable certificate/credits（可再生能源电力绿色证书）

从政策制定者角度，配额分配和补贴的确定也十分值得探究。Alizamir 等[23]捕捉了关键的市场动态和投资者的策略行为，提出对补贴政策的局部改善。Siddiqui 等[13] 则考虑了不同市场结构，如集中计划、完全竞争和古诺垄断，对配额的内在设计提出了新的见解。而且，Tanaka 和 Chen[56] 将发电商视作斯塔克尔伯格博弈的委托人，使用带有均衡约束的数学规划方法，揭示了化石能源发电商如何操控一级和二级市场，并对投资产生消极影响。借助实物期权方法，Ritzenhofen 和 Spinler[57] 定量化地表述了补贴标准与投资清洁能源发电倾向之间的关系，并分析了调整补贴政策带来的影响。

2.2　太阳能发电招标策略研究

现有文献研究了多维采购拍卖中的腐败问题，政府可能同时关心项目的价格和质量。值得注意的是，当拍卖商歪曲投标质量得分报告时，就会产生质量操纵问题。Burguet 和 Che[58] 考虑了一个双投标人拍卖，在该拍卖中，代理人比较腐败值 b_1 和 b_2。如果 $b_1 > b_2$，那么只要公司 1 通过操纵获胜，代理就会通过将其

质量放大 m 倍来支持公司 1。Celentani 和 Ganuza[59] 设定了一种情况,即代理人随机与一家公司配对,并要求以腐败换取协议,此协议保证该公司获得项目并允许其生产较低质量的产品。

Wang[60]、Burguet[61] 以及 Huang 和 Xia[62] 对"最低价拍卖"进行了相关研究。Wang[60] 和 Burguet[61] 的研究调查了采购机制的设计。与 Wang[60] 的研究不同的是,本书从监管者的角度设计了一种单边控制机制,以遏制腐败,然而,Wang[60] 分析了现有外部监督的特点。本书与 Burguet[61] 的不同之处在于,本书利用启示原则让光伏投标人说出他们在激励相容(incentive compatibility, IC)约束下的真实类型,Burguet[61] 的论文缺乏适用于这种情况的启示原则。Huang 和 Xia[62] 的研究也与本书研究相关,他们考虑的是偏袒拍卖。本书考虑的是内生偏袒安排的情况,即拍卖人在公司提交合同出价时并不一定偏袒任何公司。然而,Huang 和 Xia[62] 考虑的是外生偏袒拍卖,在这种情况下,效率低下的公司总是腐败的。外生偏袒的优势在于它反映了采购拍卖的实际情况,在光伏采购拍卖实践中,拍卖人在投标过程中不会偏袒任何公司,中标者将部分腐败所得留给拍卖人作为奖励,但是,拍卖人无法事先区分中标者。因此,本书在建模时考虑外生偏袒情况。

较多学者研究了电力行业的腐败问题,Klemperer[63] 首次指出,在电力市场的招标计划中,腐败很难发生。Dechenaux 和 Kovenock[64] 进行了类似的研究,并支持这一结论。但最近的研究出现了相反的观点,Matsukawa[65] 发现投标人加入联盟的可能性很高。Samadi 和 Hajiabadi[66] 则评估了电力市场形成联盟的可能性。Palacio[67] 预测了在强制拍卖远期合同的自由化电力市场中的腐败模式,并发现在这种情况下价格会上涨。然而,有关发电行业垂直腐败的研究很少涉及光伏产业。

研究新的采购方式是减少发电腐败的一种主要方法。Woo 等[68] 首次研究了基于互联网的多轮拍卖中的购电成本和风险控制。这方面的研究还包括在供电合同采购中引入竞标者以减少隐性腐败[69]。关于防止腐败的拍卖机制设计研究已扩展到不对称信息领域,Che 等[70] 在一项关于单边支付行为的研究中指出,最优机制的一个有趣特征是对事前相同的投标人进行非对称处理。虽然通过对机制设计的分析,这部分文献有显著的扩展,但对不同市场中反腐败政策选择的研究还不够深入。

2.3   太阳能发电监管策略研究

成本虚报对监管存在补贴和激励计划的行业来说是一个严重问题,因为它对监管机构是不可见的,而且难以量化。例如,He 等[71] 发现了外包保修合同设计中存在的问题,以解决服务代理商的虚报行为。Schiff 和 Lewin[72]、Baron 和 Myerson[73]、Lacker 和 Weinberg[74] 的研究表明,成本夸大在监管系统中普遍存在。本书与传统研究的不同之处在于，本书根据所涉及的情况确定审计策略。

在成本虚报审计研究中，Bougheas 和 Worrall[75] 与 Chiappinelli[76] 的研究与本书研究较为相关。Chiappinelli[76] 在研究中比较了严格审计和宽松审计，并认为仁慈的政治家会通过选择足够严格的审计来阻止承包公司虚增成本。Bougheas 和 Worrall[75] 发现，较低的合同前投资会带来更多的成本虚报。本书的研究与这些发现一致，并突出了严格审计的缺陷。此外，本书还研究了合同签订后的成本虚报，发现严格的审计可以抵制成本虚报，尤其是在腐败的市场中。

对于成本虚报的检测，Westerski 等[77]、Velasco 等[78] 和 He 等[71] 与本书的研究关系最为密切。Westerski 等[77] 通过单独的统计指标对不同类型的虚报行为进行建模，从而构建了一个采购交易虚报行为检测系统，该系统对新加坡可疑交易的检测精确度为 67.1%。Velasco 等[78] 也开发了一个决策支持系统（decision support system, DSS），为巴西公共采购提供了系统分析工具，DSS 已对巴西总额超过 500 亿美元的大型公共采购数据集进行了详细分析。He 等[71] 揭示了外包保修合同设计中存在的问题，以应对服务代理的虚报行为。尽管这些研究提出了许多形式化的框架来统一描述虚报的严重程度，但它们并没有揭示虚报的内在机理。本书的研究与 DSS 和合同分析的不同之处在于，涉及了筛选不道德行为的内生原则。

现有文献对电力行业的腐败问题进行了大量研究。Cummins 和 Gillanders[79] 认为腐败会给企业带来不正当的激励，鼓励它们在影子经济中运作；然而，设计良好的改革不仅有可能直接提升电力行业的绩效，还能减轻宏观层面的制度缺陷（如腐败）对宏微观绩效指标的不利影响[80]；效率工资、更高的威慑力和消费者积极参与举报犯罪，有助于打击电力部门的腐败和盗窃行为[81]。与以上研究的不同之处在于，本书探讨了腐败的内在机制，通过研究审计强度，揭示了严格审计有助于遏制腐败的原因。表2-2列出了与成本虚报有关的研究及其结论。

表 2-2 成本虚报相关研究及其结论

主题	结论	文献
成本虚报审计	一个仁慈的政治家会通过选择足够严格的审计来阻止承包公司虚增成本；较低的合同前投资会带来更多的成本虚报	Chiappinelli[76]，Bougheas 和 Worrall[75]
成本虚报检测	在新加坡，评估系统检测可疑交易的精确度达到 67.1%；DSS 已对巴西总额超过 500 亿美元的大型公共采购数据集进行了详细分析；当市场对保修服务敏感时，基于成本的合同有利于促进制造商的需求推广	Westerski 等[77]，Velasco 等[78]，He 等[71]
减少腐败	腐败会激励企业在影子经济中运作；改革会间接减少宏观层面制度缺陷的负面影响；效率工资加上更高的威慑力和消费者积极参与举报犯罪，有助于打击腐败	Cummins 和 Gillanders[79]，Imam 等[80]，Jamil 和 Ahmad[81]

2.4　文献评述

文献研究显示，第一，现有研究已经对包括新能源补贴和可再生能源配额制在内的众多单独作用的激励政策进行了比较，但是较少涵盖广泛使用的新能源补贴和可再生能源配额制的组合政策。第二，完全信息下的静态比较研究相对充分，但是扩展到不完全信息的多重激励机制，并在逆向选择框架中考虑甄别因素的光伏发电激励政策研究却少有涉及。第三，以清洁能源和化石能源电力发电量作为变量来量化发电厂商的决策是常见的博弈分析思路。但是，非对称信息因素考量下的决策变量是现有文献中较少考虑的微观细节，如清洁能源激励的可再生能源配额制配额标准、新能源补贴的净转移支付等内生变量。第四，现有文献对激励效果研究较多。但是，激励政策的施行阶段是决策支持的主要技术难点，通常需要博弈分析给出具体操作依据。这一过程决定了新能源补贴和可再生能源配额制以及两者组合政策的特点和使用范围。第五，从政策制定者的角度，激励手段在不同竞争环境下对电力市场的影响也有待深入探讨。总结光伏发电招标策略相关文献可得出以下结论：第一，在严格监督下，一价拍卖中的价格操纵难以维持。第二，在最近的一价拍卖腐败研究中，质量操纵普遍存在，且分布广泛。第三，有关发电的研究很少涉及光伏采购拍卖中的腐败问题。第四，遏制光伏腐败的政策需要进一步研究，以适应不同的市场。

同样地，总结关于光伏发电监管策略的研究，可得出以下结论：首先，很少有研究关注可再生能源发电审计引发的不道德行为。符合多报成本行为检测和预防要求的审计措施仍需进一步探讨。其次，缓解光伏发电不道德行为的手段必须适应不同的参与者，考虑到各方利益，有必要采用基于博弈论的方法，体现发电企业提高生产效率的利益诉求和积极性。最后，关于可再生能源发电的研究很少涉及项目腐败问题，必须研究针对可再生能源发电腐败的适当措施。

第 3 章 太阳能发电激励政策模型构建

本章在第 1 章介绍的总体脉络下，从激励理论研究出发，构建了非对称信息下太阳能光伏发电激励机理的概念框架。框架内容包括：太阳能光伏发电厂商的成本补偿规则；连续型技术效率参数的显示原理；连续型甄别问题的包络定理；太阳能光伏发电委托代理问题的微分博弈一般模型；基于优化控制的模型求解方法；离散型技术效率参数的显示原理；离散型委托代理问题的优化模型。

3.1 非对称信息下太阳能发电激励机理

3.1.1 太阳能光伏发电厂商的成本补偿规则

太阳能光伏发电的发电厂商为电力用户提供电力，电力用户购买电力支付电价支出，监管者制定政策补偿发电厂商的成本并支付给发电厂商净转移支付，如图3-1所示。

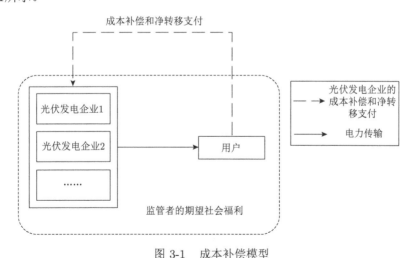

图 3-1 成本补偿模型

定义 3.1 太阳能光伏发电厂商的成本函数为

$$C = \beta - e \qquad (3\text{-}1)$$

其中，β 表示厂商的技术效率参数；e 表示厂商的努力水平。

假定努力水平 $e > 0$，并且会造成努力负效用 $\psi(e)$，即努力的投入成本。努力负效用 $\psi(e)$ 是努力水平的增函数，即 $\psi' > 0$，且假设 $\psi'' > 0$，$\psi''' \geqslant 0$，并满足 $\psi(0) = 0$。

除了遵循成本由监管者补偿给太阳能光伏发电厂商的会计惯例[82-84] 之外，监管者还会向厂商支付净转移支付 t。那么，厂商的效用为

$$U = t - \psi(e) \tag{3-2}$$

将厂商的保留收益标准化为 0。那么，厂商的个体理性（individual rational, IR）约束为

$$U \geqslant 0 \tag{3-3}$$

令 $\lambda(\lambda > 0)$ 表示公共资金的影子成本，即向纳税人征收 1 单位税金给纳税人带来的负效用是 $\dfrac{1}{1-\lambda}$ 单位。电力用户的净剩余为

$$S - \frac{1}{1-\lambda}(\beta - e + t) \tag{3-4}$$

对式（3-2）与式（3-4）求和，并用 $U + \psi(e)$ 替换 t，得到社会福利：

$$S - \frac{1}{1-\lambda}(\beta - e + \psi(e)) - \frac{\lambda}{1-\lambda}U \tag{3-5}$$

3.1.2　连续型技术效率参数的显示原理

连续型技术参数的甄别问题可以为中观政策制定提供依据，如本书的第 4 章的太阳能光伏发电激励政策的选择研究。在非对称信息下，监管者知道发电厂商效率是连续型参数 $\beta \in [\underline{\beta}, \overline{\beta}]$，且令 $\Delta\beta = \overline{\beta} - \underline{\beta}$。显示原理使得太阳能光伏发电厂商显示其真实的技术效率[83,85]。

定义 3.2　令 $\{(\check{\beta}), C(\check{\beta})\}_{\check{\beta} \in [\underline{\beta}, \overline{\beta}]}$ 表示显示机制，其中 $\check{\beta}$ 表示太阳能光伏发电厂商宣称的技术效率参数。

那么，厂商的效用 $\tau(\beta, \check{\beta})$ 就是实际参数 β 和宣布参数 $\check{\beta}$ 的函数，即

$$\tau(\beta, \check{\beta}) = t(\check{\beta}) - \psi(\beta - C(\check{\beta})) \tag{3-6}$$

显示原理要求，对 $\beta \in [\underline{\beta}, \overline{\beta}]$ 的任意 β 和 $\check{\beta}$ 而言，一定有

$$t(\beta) - \psi(\beta - C(\beta)) \geqslant t(\check{\beta}) - \psi(\beta - C(\check{\beta})) \tag{3-7}$$

和

$$t(\check{\beta}) - \psi(\check{\beta} - C(\check{\beta})) \geqslant t(\beta) - \psi(\check{\beta} - C(\beta)) \tag{3-8}$$

对式（3-7）和式（3-8）求和，得到：

$$\psi\left(\check{\beta}-C\left(\beta\right)\right)-\psi\left(\beta-C\left(\beta\right)\right)\geqslant\psi\left(\check{\beta}-C\left(\check{\beta}\right)\right)-\psi\left(\beta-C\left(\check{\beta}\right)\right) \quad (3\text{-}9)$$

或

$$\int_{\beta}^{\check{\beta}}\int_{C(\beta)}^{C(\check{\beta})}\psi''\left(x-y\right)\mathrm{d}x\mathrm{d}y\geqslant 0 \quad （3\text{-}10）$$

因此，若 $\check{\beta}>\beta$，那么 $C\left(\check{\beta}\right)>C\left(\beta\right)$。这样，$C\left(\cdot\right)$ 是非减函数。因此，得到委托代理问题的激励相容约束（记为 IC_1）：

$$C'\left(\beta\right)\geqslant 0 \quad （3\text{-}11）$$

3.1.3　连续型甄别问题的包络定理

根据显示原理，当 $\check{\beta}=\beta$ 时 $\tau\left(\beta,\check{\beta}\right)$ 达到极大值。将 β 视作 $\tau\left(\beta,\check{\beta}\right)$ 的参数，对式（3-6）使用包络定理[86-89]，得到：

$$\left.\frac{\mathrm{d}\tau\left(\beta,\check{\beta}\right)}{\mathrm{d}\beta}\right|_{\check{\beta}=\beta}=\left.\frac{\partial}{\partial\beta}\left[t\left(\check{\beta}\right)-\psi\left(\beta-C\left(\check{\beta}\right)\right)\right]\right|_{\check{\beta}=\beta}=-\psi'\left(\beta-C\left(\beta\right)\right) \quad (3\text{-}12)$$

令 $U\left(\beta\right)=\tau\left(\beta,\beta\right)$ 表示技术效率类型为 β 的发电商的效用，那么 $\left.\dfrac{\mathrm{d}\tau\left(\beta,\check{\beta}\right)}{\mathrm{d}\beta}\right|_{\check{\beta}=\beta}$ 可以写成 $U'\left(\beta\right)$。所以，显示原理令 $\tau\left(\beta,\beta\right)$ 极大化的约束 $\check{\beta}=\beta$，使得：

$$U'\left(\beta\right)=-\psi'\left(\beta-C\left(\beta\right)\right) \quad （3\text{-}13）$$

式（3-13）是委托代理问题的激励相容约束（记为 IC_2）。

3.1.4　太阳能光伏发电委托代理问题的微分博弈一般模型

将式（3-5）作为目标函数，监管者在激励相容约束（3-11）、约束（3-13）和参与约束 $U\left(\beta\right)\geqslant 0$ 下的微分博弈一般模型为

$$\begin{cases} \max\limits_{e(\cdot),U(\cdot)}W=\displaystyle\int_{\underline{\beta}}^{\overline{\beta}}\left[S-\dfrac{1}{1-\lambda}\left(\beta-e+\psi\left(e\right)\right)-\dfrac{\lambda}{1-\lambda}U\right]\mathrm{d}F\left(\beta\right) \\ \text{s.t.} \\ U'\left(\beta\right)=-\psi'\left(e\left(\beta\right)\right) \\ C'\left(\beta\right)\geqslant 0 \\ U\left(\beta\right)\geqslant 0 \end{cases} \quad （3\text{-}14）$$

3.1.5　基于优化控制的模型求解方法

使用优化控制理论[90-92] 求解式（3-14）的微分博弈问题。令 $U\left(\cdot\right)$ 作为状态变量，$e\left(\cdot\right)$ 作为控制变量。构建汉密尔顿（Hamilton）方程：

$$H = \left\{ S - \frac{1}{1-\lambda} [\beta - e(\beta) + \psi(e)] - \frac{\lambda}{1-\lambda} U(\beta) \right\} f(\beta) - \mu(\beta) \psi'(e(\beta))$$

（3-15）

其中，$\mu(\cdot)$ 表示庞特里亚金（Pontryagin）乘子[90-92]。

暂时忽略约束 $C'(\beta) \geqslant 0$ 和 $U(\beta) \geqslant 0$，使用极大值原理[90]，得到：

$$\mu' = -\frac{\partial H}{\partial U} = \frac{\lambda}{1-\lambda} f(\beta)$$

（3-16）

由于边界 $\beta = \underline{\beta}$ 无约束，那么 $\beta = \underline{\beta}$ 处的横截条件就是 $\mu(\underline{\beta}) = 0$。

对式（3-16）进行积分，得到：

$$\mu(\beta) = \frac{\lambda}{1-\lambda} F(\beta)$$

（3-17）

将式（3-17）的结果代入式（3-15），并对式（3-15）的 H 对 e 求极大值，得到：

$$\psi'(e(\beta)) = 1 - \frac{\lambda F(\beta)}{f(\beta)} \psi''(e(\beta))$$

（3-18）

当定义了 $\psi(e(\beta))$ 的具体形式以后，根据式（3-18）可以求得 $e(\beta)$ 和 $\psi(e(\beta))$。

对式（3-14）的约束 $U'(\beta) = -\psi'(e(\beta))$ 在区间 $[\beta, \overline{\beta}]$ 进行积分，得到：

$$U(\overline{\beta}) - U(\beta) = -\int_{\beta}^{\overline{\beta}} \psi'\left(e\left(\acute{\beta}\right)\right) d\acute{\beta}$$

（3-19）

由参与约束，低效发电厂商仅仅得到保留收益 0，即

$$U(\overline{\beta}) = 0$$

（3-20）

因此，可以得到如下最优解：

$$U(\beta) = \int_{\beta}^{\overline{\beta}} \psi'\left(e\left(\acute{\beta}\right)\right) d\acute{\beta}$$

（3-21）

$$t(\beta) = \psi(e(\beta)) + U(\beta)$$

（3-22）

$$C(\beta) = \beta - e(\beta)$$

（3-23）

下面考虑约束条件 $C'(\beta) \geqslant 0$ 和 $U(\beta) \geqslant 0$。首先，对 $\psi'(e(\beta))$ 求微分，得到：

$$e'(\beta) = -\frac{\lambda \psi''(e(\beta)) \left(\dfrac{d}{d\beta}\right) \left(\dfrac{F(\beta)}{f(\beta)}\right)}{\psi''(e(\beta)) + \lambda \left(\dfrac{F(\beta)}{f(\beta)}\right) \psi'''(e(\beta))}$$

（3-24）

假设 $F(\cdot)$ 具有单调似然率（或对数凹性）性质，即 $\left(\dfrac{\mathrm{d}}{\mathrm{d}\beta}\right)\left(\dfrac{F(\beta)}{f(\beta)}\right)$ 是非负的。事实上，大多数分布，如均匀分布、正态分布、对数分布、χ^2 分布、指数分布和拉普拉斯分布都满足这一性质[93-95]。由于假设 $\psi'(\cdot) > 0$，$\psi''(\cdot) > 0$ 以及 $\psi'''(\cdot) \geqslant 0$，所以

$$e'(\beta) \leqslant 0 \tag{3-25}$$

其次，由于 $\psi'(\cdot) > 0$，$\beta \leqslant \overline{\beta}$，所以

$$U(\beta) \geqslant 0 \tag{3-26}$$

因此，最优解（3-18）以及最优解（3-21）～最优解（3-23）满足微分博弈问题模型（3-14）的约束条件。

3.2 非对称信息下太阳能发电监管机理

3.2.1 离散型技术效率参数的显示原理

离散型技术效率的甄别问题可以应用于微观行为分析、道德风险行为研究，如本书的第 5 章的太阳能光伏发电项目招标策略研究和第 6 章的太阳能光伏成本审计监管策略研究。假设监管者了解技术效率 $\beta \in \{\underline{\beta}, \overline{\beta}\}$，且 $\overline{\beta} > \underline{\beta}$，$\Delta\beta = \overline{\beta} - \underline{\beta}$。监管者的合约建立在净转移支付 t 和成本 C 之上[82]，即对每一种厂商，监管者设计了一个转移支付–成本对，其中对 $\overline{\beta}$ 型厂商而言转移支付–成本对是 $\{t(\overline{\beta}), C(\overline{\beta})\}$；对 $\underline{\beta}$ 型厂商而言转移支付–成本对是 $\{t(\underline{\beta}), C(\underline{\beta})\}$。相应地，做如下简化表述：$\overline{t} = t(\overline{\beta})$，$\underline{t} = t(\underline{\beta})$；$\overline{C} = C(\overline{\beta})$，$\underline{C} = C(\underline{\beta})$。

首先，激励相容条件是在设计好的转移支付–成本对菜单中，$\underline{\beta}$ 型厂商会选择监管者为 $\underline{\beta}$ 型厂商设计的合约，$\overline{\beta}$ 型厂商会选择监管者为 $\overline{\beta}$ 型厂商设计的合约，即

$$\underline{t} - \psi(\underline{\beta} - \underline{C}) \geqslant \overline{t} - \psi(\underline{\beta} - \overline{C}) \tag{3-27}$$

$$\overline{t} - \psi(\overline{\beta} - \overline{C}) \geqslant \underline{t} - \psi(\overline{\beta} - \underline{C}) \tag{3-28}$$

将式（3-27）和式（3-28）相加，得到：

$$\psi(\underline{\beta} - \overline{C}) + \psi(\overline{\beta} - \underline{C}) - \psi(\underline{\beta} - \underline{C}) - \psi(\overline{\beta} - \overline{C}) \geqslant 0 \tag{3-29}$$

或者，

$$\int_{\underline{\beta}}^{\overline{\beta}} \int_{\underline{C}}^{\overline{C}} \psi''(\beta - C)\,\mathrm{d}C\mathrm{d}\beta \geqslant 0 \tag{3-30}$$

式（3-30）和假设 $\psi'' > 0$ 以及 $\overline{\beta} > \underline{\beta}$，可以得到：

$$\overline{C} \geqslant \underline{C} \tag{3-31}$$

那么，$C(\beta)$ 是单调非减的。

其次，个体理性约束要求：

$$\underline{U} \geqslant 0 \tag{3-32}$$

$$\overline{U} \geqslant 0 \tag{3-33}$$

命题3.1给出了高效率的太阳能光伏发电厂商的个体理性约束自然满足的结论。

命题 3.1　高效率太阳能光伏发电厂商 $\underline{\beta}$ 的个体理性约束（3-32）自然满足，可以由高效率厂商的激励相容约束和低效率的个体理性约束得到。

证明：　由式（3-27）可以得出：

$$\underline{U} \geqslant \overline{t} - \psi\left(\underline{\beta} - \overline{C}\right) \tag{3-34}$$

由式（3-33）可以得到：

$$\overline{t} \geqslant \psi\left(\overline{\beta} - \overline{C}\right) \tag{3-35}$$

那么，

$$\underline{U} \geqslant \psi\left(\overline{\beta} - \overline{C}\right) - \psi\left(\underline{\beta} - \overline{C}\right) \tag{3-36}$$

由于假设 $\psi' > 0$，以及 $\overline{\beta} > \underline{\beta}$，那么

$$\underline{U} \geqslant 0 \tag{3-37}$$

命题得证。

那么，高效率太阳能光伏发电厂商的个体理性约束（3-32）可以忽略。

推论 3.1　高效率太阳能光伏发电厂商总能以较低的成本模仿低效率太阳能光伏发电厂商。

证明：　由命题3.1可知，当高效率太阳能光伏发电厂商模仿低效率太阳能光伏发电厂商并以较低的成本发电时，它的效用是非负的。

推论得证。

该推论将应用于第6.1.2节的太阳能光伏审计策略研究。

3.2.2　离散型委托代理问题的优化模型

假设监管者对太阳能光伏发电厂商的技术效率有先验概率分布 $\nu = \mathrm{Prob}$ $\left(\beta = \underline{\beta}\right)$。那么，监管者将在激励相容约束（3-27）和激励相容约束（3-28）以及

个体理性约束（3-33）下，寻求式（3-5）的期望社会福利极大化。

定义 3.3 监管者的期望社会福利为

$$W = \nu W\left(\underline{\beta}\right) + (1-\nu) W\left(\overline{\beta}\right) \tag{3-38}$$

并可以根据式（3-5）写为

$$
\begin{aligned}
W = \nu &\left[S - \frac{1}{1-\lambda}\left(\underline{\beta} - \underline{e} + \psi\left(\underline{e}\right)\right) - \frac{\lambda}{1-\lambda}\underline{U} \right] \\
&+ (1-\nu)\left[S - \frac{1}{1-\lambda}\left(\overline{\beta} - \overline{e} + \psi\left(\overline{e}\right)\right) - \frac{\lambda}{1-\lambda}\overline{U} \right]
\end{aligned} \tag{3-39}
$$

高效率太阳能光伏发电厂商的激励相容约束（3-27）可以写为

$$\underline{U} \geqslant \overline{U} + \Phi\left(\overline{e}\right) \tag{3-40}$$

其中，

$$\Phi(e) = \psi(e) - \psi(e - \Delta\beta) \tag{3-41}$$

命题 3.2 低效率太阳能光伏发电厂商的激励相容约束（3-28）自然满足，可以由优化问题取最优值时约束条件取紧的特性得到。

证明： 由于假设 $\psi' > 0$，则 $\Phi(\cdot) > 0$；由于假设 $\psi'' > 0$，所以 $\Phi(\cdot)$ 是单调增函数。同时，约束条件（3-28）可以写为

$$\overline{U} \geqslant \underline{U} + \psi\left(\underline{e}\right) - \psi\left(\overline{\beta} - \underline{C}\right) \tag{3-42}$$

由于仅当式（3-33）取紧时，期望社会福利（3-39）极大化。所以 $\overline{U} = 0$，且 $\underline{U} = \Phi\left(\overline{e}\right)$。于是，式（3-42）又可以写为

$$\Phi\left(\overline{e}\right) - \left(\psi\left(\overline{\beta} - \underline{C}\right) - \psi\left(\underline{\beta} - \underline{C}\right)\right) \leqslant 0 \tag{3-43}$$

又由于 $\psi\left(\overline{\beta} - \underline{C}\right) - \psi\left(\underline{\beta} - \underline{C}\right) = \Phi\left(\overline{\beta} - \underline{C}\right)$，所以，约束（3-28）等价于

$$\Phi\left(\overline{e}\right) - \Phi\left(\overline{\beta} - \underline{C}\right) \leqslant 0 \tag{3-44}$$

或

$$\Phi\left(\overline{\beta} - \overline{C}\right) - \Phi\left(\overline{\beta} - \underline{C}\right) \leqslant 0 \tag{3-45}$$

由式（3-31）可知 $\overline{C} \geqslant \underline{C}$，并且 $\Phi(\cdot)$ 是单调增函数，所以式（3-45）成立。那么，约束（3-28）自然满足。

命题得证。

因此，太阳能光伏发电激励机理如命题3.3所示。

命题 3.3 太阳能光伏发电激励的最优化问题可以写为

$$
\begin{cases}
\max_{\underline{e},\overline{e},\underline{U},\overline{U}} W = \nu \left[S - \dfrac{1}{1-\lambda} \left(\underline{\beta} - \underline{e} + \psi\left(\underline{e}\right) \right) - \dfrac{\lambda}{1-\lambda} \underline{U} \right] \\
\qquad\qquad + (1-\nu) \left[S - \dfrac{1}{1-\lambda} \left(\overline{\beta} - \overline{e} + \psi\left(\overline{e}\right) \right) - \dfrac{\lambda}{1-\lambda} \overline{U} \right] \\
\text{s.t.} \\
\underline{U} \geqslant \overline{U} + \varPhi\left(\overline{e}\right) \\
\overline{U} \geqslant 0
\end{cases}
\tag{3-46}
$$

注意到约束（3-40）和约束（3-33）在目标函数最优时取紧。将 $\overline{U} = 0$ 和 $\underline{U} = \varPhi\left(\overline{e}\right)$ 代入式（3-46）的目标函数，同时对 $\underline{e}$ 和 $\overline{e}$ 求偏导，得到：

$$
\psi'\left(\underline{e}\right) = 1
\tag{3-47}
$$

和

$$
\psi'\left(\overline{e}\right) = 1 - \frac{\lambda}{1-\lambda} \frac{\nu}{1-\nu} \varPhi'\left(\overline{e}\right)
\tag{3-48}
$$

此时，若将式（3-47）的 $\underline{e}$ 定义为 e^*，那么由 $\psi' > 0$ 和 $\varPhi'(\cdot) > 0$ 以及 $\psi'\left(\overline{e}\right) < 1$ 可知，$\overline{e} < e^*$。

图3-2说明，最优点 $\left\{ \underline{e} = \overline{e} = e^*, \underline{t} = \overline{t} = \psi(e^*) \right\}$ 不是激励相容的，因为两种类型的太阳能光伏发电企业相对于合约 $\{t, C\}$，即此处的 $\{\psi(e^*), \underline{\beta} - e^*\}$，都将趋向于合约 $\{\psi(e^*), \overline{\beta} - e^*\}$，即图3-2中的 B 点。

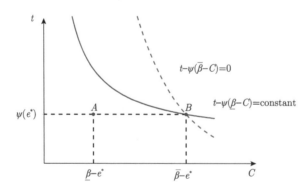

图 3-2 完全信息解（A，B）不是激励相容

图3-3是最优解的图示。$\underline{\beta}$ 型厂商在合约 $\{\underline{t}, \underline{C}\}$（$C$ 点）与合约 $\{\overline{t}, \overline{C}\}$（$E$ 点）之间是无差异的。这说明 $\underline{\beta}$ 型厂商的激励相容约束在最优点是紧的。因为 E 点的激励相容约束条件不是紧的，所以相对于 C 点，$\overline{\beta}$ 型厂商严格偏好 E 点。而且因为 $\overline{\beta}$ 型厂商的个体理性约束是紧的，它将得不到任何租金。图3-3说明了降

低 $\bar{\beta}$ 型厂商的努力水平限制了高效率型厂商的收益。从 $\bar{\beta}$ 型厂商诱发努力水平 e^*，相应于其零效用无差异曲线上的 B 点，而不是 E 点。这就要求 $\underline{\beta}$ 型厂商移向代表更高效用水平的无差异曲线，即从 C 点移向 F 点。当努力水平达成最优时，如通过合约菜单 $\{F, B\}$，监管者扭曲努力水平来抽取租金也是最优的。

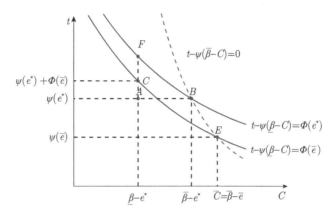

图 3-3 保证激励相容的条件

3.3 本 章 小 结

本章建立了太阳能光伏发电激励与监管分析框架，从非对称信息角度给出了太阳能光伏发电厂商的最优努力水平和效用水平，从监管者视角给出了社会福利最优化的合约设计。首先，站在中观角度，激励政策属于决策范畴。这时，从代理人角度总体考虑，需要将个体技术效率参数放置在连续型区间范围内研究。从而，本章使用包络定理，推导出适合行业特点的激励相容约束条件；定义了参与者的个体理性约束，即参与约束条件。在此基础上，委托代理问题的微分博弈一般模型，借助优化控制手段得到最优的契约设计。其次，在微观层面，激励机理是太阳能光伏发电厂商道德风险研究的基础，属于对策研究范畴。针对代理人的个体异质性技术效率水平，将其放置于离散型区间内进行博弈分析将有助于个体行为特性的揭示。运用贝叶斯均衡分析方法，本章建立了监管者的期望社会福利优化目标；运用显示原理，推导出委托代理问题的约束条件；运用优化手段求得激励问题最优解。

本章得出一些非对称信息环境下的重要管理启示。第一，高效率太阳能光伏发电厂商的个体理性约束和低效厂商的激励相容约束，在研究框架内得到自然满足。第二，经过理论分析得知，太阳能光伏发电厂商的发电激励是典型的微分博弈问题，借助优化控制手段可以得到最优的契约设计。第三，本章通过理论推导，得出高效率厂商能够以低成本模仿低效率太阳能光伏发电厂商生产的结论，为后续章节道德风险行为的研究奠定了理论基础。第四，非对称信息使监管者不得不给代理人转移支付作为代理人的效用，为了降低这些效用并使社会福利达到最优，资源配置就会受到扭曲。根据本章的论述，模型还可以衍生出一些针对具体政策的中观解释，如各种激励政策及其组合的优劣比较以及微观对策建议。

第 4 章　太阳能发电激励政策选择研究

本章在第 2 章的激励机理概念框架下，研究未来适用的太阳能光伏发电激励政策。本章介绍两种广泛使用的激励政策，上网电价补贴和可再生能源配额政策以及它们的组合政策，研究三种政策或政策组合对于社会福利的影响，从以下两方面探讨激励政策的选择。一方面，研究对称信息下：①两种政策分别单独作用时的模型构建与求解；②组合政策共同实施情况下，社会福利的优劣比较；③分析环境参数变化引起的社会福利变化趋势。另一方面，研究非对称信息下：①建立激励政策单独作用和组合政策共同实施的微分博弈模型；②应用最优控制方法求解；③利用算例进行模拟研究，给出三种情况下博弈模型的均衡分析，变换环境参数后进行鲁棒性分析。本章建立双层规划模型，分别优化电力用户和发电厂商、电网的效用，其中下层框架属于合作博弈问题，上下层框架之间属于非合作博弈问题，模型整体属于混合型博弈问题。本章通过大量的理论推导和命题证明，以及丰富的模拟实验，对激励政策的选择问题给出了完全信息和不完全信息两种情况下的解释，并为激励政策的遴选提供解决方案和优化方法。

4.1　问　题　背　景

温室气体排放直接影响着气候变化，因此排放限制措施已经引起政策制定者的广泛关注。在此背景下，监管者需要实施适合的排放限制措施和手段，用来改善温室气体肆意排放的不良环境状况。目前，最为常用的两个政策是排放权交易计划和增加可再生能源利用技术的措施。前者直接限制温室气体排放，而后者通过为可再生能源发电厂商提供金融支持[13] 的间接手段发挥作用。在可再生能源发电行业，可再生能源金融支持的典型举措包括上网电价补贴和可再生能源配额。目前，这两种可再生能源发电激励政策已经被世界上很多国家和地区使用。2016年，包括澳大利亚、加拿大、英国、美国、中国和其他一些行政区在内的 20 多个国家和地区同时使用这两种政策[96-97]。

很多研究者[53,57,98] 已经研究了可再生能源发电激励政策，如上网电价补贴和可再生能源配额对社会福利的影响。不过，关于两项政策共同使用，尤其是对于上网电价补贴和可再生能源配额组合政策的研究文献较少。由于这两项组合政策的应用非常广泛，所以本章试图探讨上网电价补贴和可再生能源配额组合政策对于社会福利的影响。为了做这样的分析，本章考虑了集中计划、双层监管和甄别监管三种市场结构，重点研究以下问题。

Q1：对于社会福利而言，上网电价补贴和可再生能源配额组合政策是否强于两项激励政策的单独作用？

Q2：当监管者制定政策时，影响监管者在采取单独政策或组合政策之间做出选择的关键因素是什么？

Q3：从社会福利极大化角度来看，监管者应该采取哪种政策工具？

Q4：组合政策对环境变化的敏感性是否要强于单独作用的可再生能源发电激励政策？

电力市场具有典型的非对称信息属性[24,42]，监管者不掌握可再生能源发电厂商具体的类型信息。此时，逆向选择的甄别（screening）模型可以用来甄别发电厂商的类型信息。具体到可再生能源发电厂商，技术效率是他们的私有信息。技术效率不同的厂商，与技术效率关联的发电成本也会存在差异。一般而言，高技术效率对应低成本，反之亦然。根据成本补偿的会计惯例[82]，监管者补偿厂商的发电成本并支付额外的净转移支付。这里存在可能引发道德风险行为的风险，即高效厂商模仿低效厂商，以便得到比他应该得到的更多的成本补偿。

例如，集中式太阳能光伏发电厂商相较于分布式太阳能光伏发电机构具有更高的生产效率和相对较低的发电成本。上网电价补贴激励政策下，在大多数国家，分布式太阳能光伏发电会比集中式太阳能光伏发电得到更多的补贴，所以集中式太阳能光伏发电厂商经常模仿分布式太阳能光伏发电机构，来获得更多的利润。为达到这一目的，集中式太阳能光伏发电厂商常用的手段是，冒充分布式太阳能光伏发电机构在屋顶安装太阳能光伏发电设备，成本造假或者成本伪造[75]。无论是成本造假抑或是成本伪造，集中式太阳能光伏发电厂商都需要向监管者报告一个较高的虚假成本。当造假成本或伪造成本比成本造假或成本伪造得到的预期利润更低时，集中式太阳能光伏发电厂商就愿意冒充低效的分布式太阳能光伏发电机构。于是，监管者不得不为两种太阳能光伏发电厂商设计一套合同菜单，用来甄别他们的类型，防止他们隐藏私人信息。该合同菜单是关于发电成本和净转移支付的，即不同的发电成本对应不同的净转移支付。具体而言，何种发电成本对应何种净转移支付，取决于合同菜单的设计，即均衡状态下各自的取值。

可再生能源配额激励政策下，可再生能源发电厂商也会隐藏信息。它们能决定是否按照可再生能源配额标准发电。本章将在模型中考虑变量 q_r' 来表示可再生能源配额下的决策变量。然而，监管者并不知晓发电厂商的决定。所以，可再生能源配额激励政策下仍然存在非对称信息——隐藏信息的情况。

上述都是对于发电厂商在上网电价补贴和可再生能源配额激励政策下的非对称信息的情形。输电线路运营商（transmission system operator，TSO）承担着电力输送的职责，通过售电收入和自身成本之间的差额赚取利润。同样，在上网电价补贴和可再生能源配额下不同类型的 TSO 也具有隐藏信息。所以，监管者必须在事前制定针对不同类型 TSO 的甄别契约[93]，用来克服隐藏信息的难题。因此，虽然 TSO 面临着各种挑战，如平衡可再生能源发电输出的间歇性，对电力需求做出响应，扩建输电设施，或者智能发电，非对称信息对于监管者而言仍然是一个严峻的问题。本章的目的在于，在非对称信息环境下探究可再生能源发电激励政策对于社会福利的影响。所以，本章的贡献在于分析甄别机制下，激励政策，尤其是上网电价补贴和可再生能源配额组合政策，对于可再生能源发电的影响。

本章的研究在以下几个方面与其他研究不同。第一，本章不是研究单独的政策[47,52,54,99]，而是关注组合政策。第二，本章给出了不同政策的适用条件，而不是得出某一政策优于其他政策的绝对结论[47,49,52]。第三，本章没有研究在通常情况下[55] 的组合政策，而是在隐藏信息的情况下进行处理。本章的贡献体现在几个方面。首先，本章探讨了上网电价补贴和配额组合政策对社会福利的影响。其次，本章考虑了信息不对称的情况。最后，本章研究考虑了三种市场结构，集中计划、双层监管和甄别监管，并提出了一些反直觉的观点。

4.2 集中计划的市场结构

由于激励政策的制定需要考虑全部可再生能源发电行业，不仅涉及太阳能光伏发电，而且还涵盖风电、生物质发电、水电等细分行业。因此，本章将从可再生能源发电行业整体出发，研究太阳能光伏发电激励政策的选择。图4-1给出了基准模型，其中可再生能源和传统能源发电量由监管者控制。

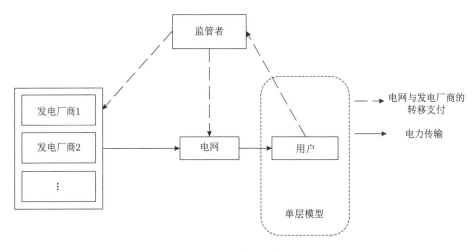

图 4-1 集中计划模型

　　本模型仅包含单层优化，其中监管者将成本和利润从用户转移给发电厂商与电网。本章定义如下参数：反需求函数截距 A 和反需求函数斜率 Z；可再生能源发电平准化成本和化石能源发电平准化成本 c_r 和 c_n；发电厂商边际负效用增长率 K，$K \ll Z$；电网的边际负效用增长率 G；一定税制下的税负程度 λ；输配售电平准化成本 c；发电厂商的技术效率和电网的技术效率 β 和 θ。此外，定义如下变量：电价 p；可再生能源发电量 q_r；化石能源发电量 q_n；总发电量 q；发电厂商的努力水平和电网的努力水平 e_1 和 e。因为本章将研究三个政策的影响，所以用 $\cdot^*$、$\tilde{\ }$、$\hat{\ }$、$\check{\ }$、$\bar{\ }$ 分别表示集中计划、上网电价补贴双层监管、上网电价补贴甄别监管、配额双层监管和配额甄别监管的最优解。本章研究使用的参数与变量定义见表4-1。

表 4-1　参数与变量表

参数与变量		注释
参数	β	发电厂商的技术效率
	θ	电网的技术效率
	A	反需求函数截距 (元/兆瓦时)
	Z	反需求函数斜率 (元/兆瓦时²)
	c_r	可再生能源发电平准化成本 (元/兆瓦时)
	c_n	化石能源发电平准化成本 (元/兆瓦时)
	K	发电厂商边际负效用增长率 (1/元)
	G	电网的边际负效用增长率 (1/元)
	λ	税负程度
	c	输配售电平准化成本 (元/兆瓦时)
	p_{rec}	绿色证书市场出清价格 (元/兆瓦时)
变量	p	电价 (元/兆瓦时)
	q_r	可再生能源发电量 (兆瓦时)
	q_n	化石能源发电量 (兆瓦时)
	q	总发电量 (兆瓦时)
	e_1	发电厂商的努力水平 (元)
	e	电网的努力水平 (元)
	q_r'	可再生能源发电量与 α 差额
	α	可再生能源配额指标
	t_r	上网电价补贴净转移支付 (元/兆瓦时)

　　假设可再生能源和化石能源发电线性成本函数分别为 $C_r(q_r) = c_r q_r$ 和 $C_n(q_n) = c_n q_n$，其中 $q_r + q_n = q$。假设发电厂商和电网遵从风险中性原则。电网收到的转移支付，定义为 $V = p(q)q$。发电厂商的成本定义为效率 β 和努力水平 e_1 的函数：

$$C_1(\beta) = \beta(c_r q_r + c_n q_n) - e_1 \tag{4-1}$$

定义（4-1）表明，"低效率厂商"或"高效率厂商"分别表示"成本高的厂商"和"成本低的厂商"[93]。本章将 e_1 和 e 定义为"努力"，它表示发电厂商和电网为影响成本或发电质量而采取的任意行动，代表公司经理投入的办公时间的数量或他们工作的强度。发电平准化成本还由效率参数 $\beta(\beta \in [\underline{\beta}, \overline{\beta}], \Delta\beta = \overline{\beta} - \underline{\beta})$ 决定。这是一个仅有发电厂商知晓的参数。努力水平 e_1 会引发发电厂商的努力负效用 $\psi(e_1) = \frac{1}{2}Ke_1^2$，$K > 0$。努力负效用函数有 $\psi' > 0$，$\psi'' > 0$，$\psi''' \geqslant 0$ 的性质。

至于需求侧，假设用户意愿支付是反需求函数的积分 $\int_0^q p(q')\,\mathrm{d}q'$，且不区分可再生能源和化石能源。简化起见，假设 λ 为一定税制下的总税负程度，那么 $\frac{1}{1-\lambda}$ 表示公共资金的边际成本。可以这样理解，每 1 单位转移支付将向政府缴纳 $\frac{1}{1-\lambda}$ 单位的税收。对于税制异质的市场结构，公共资金的边际成本可以表示劳动力、资金或其他税收[100]。

引入会计惯例，监管者补偿成本并支付额外的净转移支付 t_1，发电厂商的效用为

$$U_1 = t_1 - \psi(e_1) \tag{4-2}$$

对于电网的成本函数，为简化起见，假设电网线性成本函数 cq，且电网能够以成本 $C(\theta) = \theta cq - e(\theta)$ 为电力用户实现 $S = \frac{1}{1-\lambda}\int_0^q p(q')\,\mathrm{d}q'$ 的价值。效率参数 $\theta \in [\underline{\theta}, \overline{\theta}]$ 仅由电网自身知晓，并且 $\Delta\theta = \overline{\theta} - \underline{\theta}$。假设 $G > 0$，努力水平 $e(\theta)$ 会引起电网的努力负效用 $\phi(e) = \frac{1}{2}Ge^2$，并且有 $\phi' > 0$，$\phi'' > 0$，$\phi''' \geqslant 0$。同样引入会计惯例，监管者补偿电网成本并付给电网转移支付 t。此时，电网的效用可以表示为 $U = t - \phi(e)$。所以，社会福利是用户意愿支付 $S = \frac{1}{1-\lambda}\int_0^q p(q')\,\mathrm{d}q'$ 和实际支付 $\frac{1}{1-\lambda}(t_1 + C_1 + t + C)$ 的差值。分别将 t_1 和 t 用 $U_1 + \psi(e_1)$ 和 $U + \phi(e)$ 替换。添加参与约束之后，社会福利可以表示为式（4-3）所示的目标函数。

$$\begin{cases} \max\limits_{q,e_1,e} \left\{ \int_0^q p(q')\,\mathrm{d}q' - [\theta cq - e(\theta) + \phi(e)] - [\beta(c_r q_r + c_n q_n) - e_1 + \psi(e_1)] \right\} \\ \qquad - \dfrac{1}{1-\lambda}(U + U_1) \\ \text{s.t.} \\ U \geqslant 0 \\ U_1 \geqslant 0 \end{cases} \tag{4-3}$$

优化问题 [式（4-3）] 的内点解析解是 $U_1 = 0$，$e_1 = \frac{1}{K}$，$\psi(e_1) = \frac{1}{2K}$，$U = 0$，$e = \frac{1}{G}$，$\phi(e) = \frac{1}{2G}$。集中计划下的最优规制是 $\psi'(e_1^*) = 1$，$\phi'(e^*) = 1$，即努力水平分别在 e_1^* 和 e^* 达到最优；并且 $t_1 = \psi(e_1^*)$，$t = \phi(e^*)$，即发电厂商和电网

都只能得到保留收益 0。那么，式（4-3）可表示为

$$
\begin{cases}
\max_{q} W = \dfrac{1}{1-\lambda}\left\{\displaystyle\int_{0}^{q} p\left(q'\right)\mathrm{d}q' - \left[\theta c\left(q_r+q_n\right)-\dfrac{1}{2G}\right]\right. \\
\qquad\qquad\left. -\left[\beta\left(c_r q_r+c_n q_n\right)-\dfrac{1}{2K}\right]\right\} - \dfrac{1}{1-\lambda}\left(U+U_1\right) \\
\text{s.t.} \\
g_1\left(q\right)=q \geqslant 0
\end{cases}
\tag{4-4}
$$

因为二阶导数 $-W_1''\left(q\right)=\dfrac{Z}{1-\lambda}>0$，并且 $g_1\left(q\right)$ 是仿射函数，所以式（4-4）是一个凸规划，可以用 Karush–Kuhn–Tucker（KKT）条件求解，并可以写成混合互补问题的形式[101]。分别用 $q-q_n$ 和 $q-q_r$ 替代 q_r 和 q_n，并暂时将 q_r 和 q_n 视作常数，那么混合互补问题就是 $0 \leqslant q \perp \dfrac{-A+Zq+\beta\left(c_r+c_n\right)}{1-\lambda} \geqslant 0$，结果是 $q^* = \left[\dfrac{A-\beta\left(c_r+c_n\right)}{Z}\right]^{+}$。

可再生能源和化石能源电力是电力市场上的两种产品。如果其中一种产品的价格上涨，电网通常愿意购买更多，反之亦然。因此，它们并不是彼此完全互补。此外，考虑到可再生能源发电的不稳定性和波动性，它不能完全替代化石能源电力。同样，可再生能源也不能被完全替代。由于可再生能源与化石能源电力既不存在完全替代，也不存在完全互补，因此引入 Cobb-Douglas（柯布–道格拉斯）效用函数[102] 作为证明，推导出边际替代率（marginal rate of substitution，MRS）的表达式。引理4.1给出了 q_n 与 q_r 的定量关系。

引理 4.1　q_n 与 q_r 的定量关系等于边际效用比例，可以表示为 $\dfrac{q_n}{q_r}=\dfrac{\partial W}{\partial q_r}\Big/\dfrac{\partial W}{\partial q_n}$。

证明：　式（4-4）中的 W 表示可再生能源和化石能源发电实现的社会福利。无差异曲线表示一组消费组合，在无差异曲线上的消费个体是无差异的。那么，一种商品 q_r 消费数量的增加必须同时减少另一种商品 q_n 的消费数量。因此，MRS 是负值。因此，将某点 W 的无差异曲线斜率的相反数定义为该点处的 MRS[102-104]。也就是说，

$$
\mathrm{MRS} = -\frac{\mathrm{d}q_n}{\mathrm{d}q_r}\bigg|_{\Omega=W}
\tag{4-5}
$$

W 的全微分是

$$
\mathrm{d}W = \frac{\partial W}{\partial q_r}\mathrm{d}q_r + \frac{\partial W}{\partial q_n}\mathrm{d}q_n
\tag{4-6}
$$

为了使消费个体无差异，即 $\mathrm{d}W=0$，MRS 可以写成

$$\text{MRS} = \frac{\partial W}{\partial q_r} \bigg/ \frac{\partial W}{\partial q_n} \tag{4-7}$$

引入常数替代弹性（constant elasticity of substitution，CES）效用函数[102] $\left[W\left(q_r, q_n\right) = \frac{q_r^{\delta} + q_n^{\delta}}{\delta}\left(\delta \leqslant 1, \delta \neq 0\right) \right]$ 来解释可再生能源和化石能源发电的替代性。由于 $\mathrm{d}W = 0$，

$$\text{MRS} = \left(\frac{q_n}{q_r}\right)^{\frac{1}{1-\delta}} \tag{4-8}$$

对式（4-8）取对数并微分，得到 $\mathrm{d}\left(\frac{q_n}{q_r}\right) \bigg/ \frac{q_n}{q_r} = \frac{1}{1-\delta}\frac{\mathrm{dMRS}}{\mathrm{MRS}}$。定义替代弹

性 $\sigma = \dfrac{\mathrm{d}\left(\dfrac{q_n}{q_r}\right) \bigg/ \dfrac{q_n}{q_r}}{\dfrac{\mathrm{dMRS}}{\mathrm{MRS}}}$，可以得到 $\sigma = \dfrac{1}{1-\delta}\left(\delta < 1, \delta \neq 0\right)$。当 σ 趋近于 1 而 δ

趋近于 0 时，CES 效用函数变为 Cobb-Douglas 效用函数[102]，表示可再生能源和化石能源电力之间既非完全替代品也非完全互补品，即

$$\text{MRS} = \frac{q_n}{q_r} \tag{4-9}$$

由式（4-7）和式（4-9）可以推导出 $\dfrac{q_n}{q_r} = \dfrac{\partial W}{\partial q_r} \bigg/ \dfrac{\partial W}{\partial q_n}$

引理得证。

结合 $q_r + q_n = q$，引理4.1得出 $q_r^* = \left\{\dfrac{c_n\left[A - \beta\left(c_r + c_n\right)\right]}{Z\left(c_r + c_n\right)}\right\}^+$ 和 $q_n^* = \left\{\dfrac{c_r\left[A - \beta\left(c_r + c_n\right)\right]}{Z\left(c_r + c_n\right)}\right\}^+$ 的结果。

命题 4.1 集中计划下两种形式的发电量与其平准化成本负相关，可以一般表示为 $\dfrac{q_r^*}{q_n^*} = \dfrac{c_n}{c_r}$。

证明： 计算 $q_r^*\left(t_r\right)$ 除以 $q_n^*\left(t_n\right)$ 的商，得到结论。

命题得证。

结果反映了监管者对总发电量的完全控制。监管者的规制管理决定了可再生能源和化石能源电力与其成本成反比，这与 Siddiqui 等[13] 的集中计划市场结构的结果相似。上网电价补贴和可再生能源配额以及它们的组合政策不参与这个市场结构，由此产生的两种发电量和社会福利始终保持不变。

下面研究的市场结构中，发电厂商在监管方面没有被垂直整合。由于激励作

用，可再生能源和化石能源发电量之间的关系不一定与平准化成本成反比，所产生的最优总发电量取决于两者的强弱对比。由于这些原因，在各种激励条件下的拓展模型中，最优社会福利可能是不同的。这些区别于集中计划的变化可能会提供对激励政策影响的一些关键见解。为了探讨在逆向选择时监管如何通过不同的激励手段起作用，4.3 节给出了一个前导研究，假定发电厂商和电网的效率类型是无需甄别的公共信息。

4.3　双层监管的市场结构

本节介绍双层监管模型，如图 4-2 所示，该模型包括三种可再生能源发电激励政策：上网电价补贴、可再生能源配额以及两者的组合政策。该模型包含两个成本补偿框架：上层框架代表社会福利，其中监管者将用户的支出以转移支付的形式转移给电网，补偿电网的成本并支付额外利润；下层框架为发电厂商和电网效用之和的优化，监管者允许从电网到发电厂商的费用补偿和净转移支付。

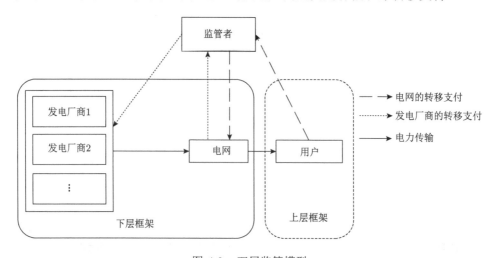

图 4-2　双层监管模型

该模型假定发电厂商的技术效率和努力水平是公共信息，其中发电厂商的效率水平和努力水平分别用 β 和 e_1 表示；电网的效率水平和努力水平分别用 θ 和 e 表示。将可再生能源配额政策的配额指标 α 和上网电价补贴净转移支付 t_r 定义为决策变量。根据 Boomsma 等的研究[39]，同样假设 p_{rec} 是绿色证书市场出清价格。定义监管者向化石能源发电部门的转移支付为 t_n，并定义下列变量：可再生能源配额指标 α，向可再生能源发电部门的净转移支付 t_r，可再生能源发电量与配额指标 α 的差值 q_r'。

4.3.1 上网电价补贴政策

该政策通过保证可再生能源电力的价格，为可再生能源发电厂商提供固定收益。在上网电价补贴政策下，净转移支付 t_1 可以表示为 $t_1 = t_r q_r + t_n q_n$。实际上，在这个政策中，监管者是一个委托人，他借助双层监管优化了上层框架的社会福利。

下层的目标函数表示为电网的收益 $p(q)q - \dfrac{1}{1-\lambda}(t_1 + C_1)$ 和发电厂商的收益 $t_1 - \psi(e_1)$ 之和，并可以写为 $p(q)q - \dfrac{1}{1-\lambda}[\beta(c_r q_r + c_n q_n) - e_1 + \psi(e_1)] - \dfrac{\lambda}{1-\lambda}U_1$。对于 β 是公共信息的情况，目标函数在个体理性约束 $U_1 = t_r q_r + t_n q_n - \psi(e_1) \geqslant 0$ 下极大化电网和发电厂商的效用总和。因此，对称信息下的下层框架为

$$
\begin{cases}
\max\limits_{q \geqslant 0, e_1, U_1} W_1 = p(q)q - \dfrac{1}{1-\lambda}[\beta(c_r q_r + c_n q_n) - e_1 + \psi(e_1)] - \dfrac{\lambda}{1-\lambda}U_1 \\
\text{s.t.} \\
U_1 = t_r q_r + t_n q_n - \psi(e_1) \geqslant 0
\end{cases}
$$

$$(4\text{-}10)$$

对称信息下的最优监管是 $\psi'(e_1^*) = 1$，也就是说，努力水平在点 e_1^* 是最优的；并且 $t_1 = \psi(e_1^*)$，即发电厂商的收益为 0。下层框架的内点解析解为 $U_1 = 0$，$e_1 = \dfrac{1}{K}$，$\psi(e_1) = \dfrac{1}{2K}$。于是，式（4-10）可以写成式（4-11）：

$$
\begin{cases}
\max W_1 = p(q)q - \dfrac{1}{1-\lambda}\left[\beta(c_r q_r + c_n q_n) - \dfrac{1}{2K}\right] \\
\text{s.t.} \\
g_1(q) = q \geqslant 0
\end{cases}
$$

$$(4\text{-}11)$$

因为目标函数的二阶导数 $-W_1''(q) = 2Z > 0$，并且 $g_1(q)$ 是仿射函数，式（4-11）也是一个凸规划，可以用 KKT 条件写成混合互补问题求解。

将 q_r 和 q_n 分别用 $q - q_n$ 和 $q - q_r$ 替换，并暂时将 q_r 和 q_n 视作常数，混合互补问题为

$$0 \leqslant q \perp -A + 2Zq + \dfrac{\beta(c_r + c_n) + t_r + t_n}{1-\lambda} \geqslant 0 \qquad (4\text{-}12)$$

对于任意 t_r，结果为

$$\bar{q}(t_r) = \left\{ \dfrac{A(1-\lambda) - [t_r + t_n + \beta(c_r + c_n)]}{2Z(1-\lambda)} \right\}^{+} \qquad (4\text{-}13)$$

由于 $q_r + q_n = q$，根据引理4.1可以推导出混合互补问题的结果

$$\bar{q}_r (t_r) = \left\{ \frac{c_r \left\{ A(1-\lambda) - [t_r + t_n + \beta(c_r + c_n)] \right\}}{2Z(1-\lambda)(c_r + c_n)} \right\}^+ \qquad （4\text{-}14）$$

和

$$\bar{q}_n (t_r) = \left\{ \frac{c_n \left\{ A(1-\lambda) - [t_r + t_n + \beta(c_r + c_n)] \right\}}{2Z(1-\lambda)(c_r + c_n)} \right\}^+ \qquad （4\text{-}15）$$

优化社会福利的上层框架可以写为 t_r 作为决策变量的一般模型 [式（4-16）]：

$$\begin{cases} \max\limits_{t_r \geqslant 0, e, U} W = \dfrac{1}{1-\lambda} \left\{ \displaystyle\int_0^q p(q')\,\mathrm{d}q' - [\theta c q - e(\theta) + \phi(e)] \right. \\ \qquad\qquad \left. - \left[\beta(c_r q_r + c_n q_n) - \dfrac{1}{2K} \right] \right\} - \dfrac{1}{1-\lambda} U \qquad （4\text{-}16） \\ \text{s.t.} \\ U = t - \phi(e) \geqslant 0 \end{cases}$$

在上层框架中，监管者极大化的社会福利是用户意愿支付与实际支付的差值。实际支付包括成本补偿和给发电厂商和电网的净转移支付。监管者最优化净转移支付 t 是电网效用 U 和电网努力负效用 $\phi(e)$ 之和，即 $t = U + \phi(e)$，其中 e 和 $\phi(e)$ 可以由 W 对 e 的极大化求解。

接下来，将 q、q_r 和 q_n 分别用 $\bar{q}(t_r)$、$\bar{q}_r(t_r)$ 和 $\bar{q}_n(t_r)$ 替换。W 对 e 的二阶微分为 $W''(t_r) = -\dfrac{1}{4Z(1-\lambda)^3} < 0$，则同时令 W 对 e 求微分寻找内点解析解，得到 $e = \dfrac{1}{G}$，$\phi(e) = \dfrac{1}{2G}$ 和 $\phi'(e) = 1$。

在理性解范畴内，过高的、高于 c_r 的 t_r 与市场实际情况矛盾。所以，假设给发电厂商的净转移支付 t_r 具有上限 c_r。因此，可以在 t_r 的取值范围 $[0, c_r]$ 内求解 t_r，使用内点算法，借助 MATLAB 的 fmincon 优化工具包求解本章的优化问题。

4.3.2　可再生能源配额政策

本节讨论在完全信息情况下可再生能源配额政策的影响。可再生能源配额要求占总发电量 q 一定比例 α 的电力出自可再生能源发电。对于每种能源，假设线性成本函数 $C_r(q_r) = c_r \alpha q$ 和 $C_n(q_n) = c_n(1-\alpha)q$。假设 α 具有上限 $\bar{\alpha}$ 和下限 $\underline{\alpha}$。由于发电厂商既生产可再生能源电力，又生产化石能源电力；发电厂商可以选择生产高于可再生能源配额要求的电力，也可以选择生产低于可再生能源配额标准的电力。令 q'_r 表示发电量与可再生能源配额标准之间的差值。那么，实际可再生能源发电量是 $\hat{\alpha}q + q'_r$，化石能源实际发电量是 $(1-\hat{\alpha})q - q'_r$。

作为下层框架，式（4-17）表示的是电网和发电厂商总效用的极大化。

$$
\begin{cases}
\max\limits_{0 \leqslant \alpha \leqslant 1, e, U} \text{Formula(4-16)} \\[2mm]
\max\limits_{q \geqslant 0, e_1, U_1} W_1 = p(q)q - \dfrac{1}{1-\lambda}\left\{\beta[c_r \alpha q + c_n(1-\alpha)q] - e_1 + \psi(e_1)\right\} \\[2mm]
\qquad\qquad - \dfrac{\lambda}{1-\lambda}U_1 \\[2mm]
\text{s.t.} \\
\qquad U_1 = p_{\text{rec}}q_r' - \beta(c_r q_r' - c_n q_r') - \psi(e_1) \geqslant 0
\end{cases}
\tag{4-17}
$$

下层框架 [式（4-17）] 的内点解析解是 $U_1 = 0$，$e_1 = \dfrac{1}{K}$，$\psi'(e_1) = 1$，$\psi(e_1) = \dfrac{1}{2K}$，$q_r' = \dfrac{1}{2K[p_{\text{rec}} - \beta(c_r - c_n)]}$。式（4-17）是一个凸规划，因为 $-W_1'(q) = 2Z > 0$，约束 $g_1(q) = q \geqslant 0$ 是仿射函数。对于任意 α，式（4-17）的混合互补问题为

$$
0 \leqslant q \perp -A + 2Zq + \frac{\beta[\alpha c_r + (1-\alpha)c_n]}{1-\lambda} \geqslant 0
\tag{4-18}
$$

最优的总电量为

$$
\hat{q}(\alpha) = \left\{\frac{A(1-\lambda) - \beta[\alpha c_r + (1-\alpha)c_n]}{2Z(1-\lambda)}\right\}^+
\tag{4-19}
$$

对应地，依据引理4.1和 $q_r + q_n = q$，得到：

$$
\hat{q}_r(\alpha) = \frac{c_n}{c_r + c_n}\hat{q}(\alpha)
\tag{4-20}
$$

$$
\hat{q}_n(\alpha) = \frac{c_r}{c_r + c_n}\hat{q}(\alpha)
\tag{4-21}
$$

将下层框架的最优解代入上层一般模型 [式（4-16）]，得到 $W''(\alpha) = -\dfrac{\beta^2(c_r - c_n)^2}{4Z(1-\lambda)^3} < 0$，$\phi'(e) = 1$，$e = \dfrac{1}{G}$，$\phi(e) = \dfrac{1}{2G}$，并可以继而在取值范围 $[\underline{\alpha}, \overline{\alpha}]$ 内得出可再生能源配额政策下配额标准 $\hat{\alpha}$ 的最优解。

4.3.3 组合政策

本节探讨两个激励政策的组合政策在双层监管下的协同作用。式（4-22）给出了组合政策的优化问题。

$$
\begin{cases}
\max\limits_{t_r \geqslant 0, 0 \leqslant \alpha \leqslant 1, e, U} \text{Formula(4-16)} \\[2mm]
\max\limits_{q \geqslant 0, e_1, U_1} W_1 = p(q)q - \dfrac{1}{1-\lambda}\left\{\beta[c_r \alpha q + c_n(1-\alpha)q] - e_1 + \psi(e_1)\right\} \\[2mm]
\qquad\qquad - \dfrac{\lambda}{1-\lambda}U_1 \\[2mm]
\text{s.t.} \\
\qquad U_1 = t_r(\alpha q + q_r') + t_n[(1-\alpha)q - q_r'] + p_{\text{rec}}q_r' \\
\qquad\qquad - \beta(c_r - c_n)q_r' - \psi(e_1) \geqslant 0
\end{cases}
\tag{4-22}
$$

此时，将 t_1 用 $t_r(q-q_n)+t_n(q-q_r)+p_{\text{rec}}q'_r-\beta(c_r-c_n)q'_r$ 替换，且根据式（4-22）的约束在目标函数取最优值时取紧的事实，将目标函数的 $\psi(e_1)$ 用 t_1 替换，式（4-22）变为混合互补问题。对于给定的 α 和 t_r，混合互补问题为

$$0 \leqslant q \perp -A + 2Zq + \frac{t_r+t_n+\beta[\alpha c_r+(1-\alpha)c_n]}{1-\lambda} \geqslant 0 \qquad (4\text{-}23)$$

总发电量的最优解为

$$\check{q}(\alpha,t_r) = \left\{ \frac{A(1-\lambda)-\beta[\alpha c_r+(1-\alpha)c_n]-(t_r+t_n)}{2Z(1-\lambda)} \right\}^+ \qquad (4\text{-}24)$$

根据引理4.1，等量关系 $q_r+q_n=q$ 和式（4-24）可以推导出类似于式（4-20）和式（4-21）的关于 $\check{q}_r(\alpha,t_r)$ 和 $\check{q}_n(\alpha,t_r)$ 的结果。

同样，一般模型［式（4-16）］从监管者角度极大化社会福利，并得到：$U = t-\phi(e)=0$，$\phi'(e)=1$，$e=\dfrac{1}{G}$ 以及 $\phi(e)=\dfrac{1}{2G}$。在决策变量取值范围 $t_r \in [0,t_r]$ 和 $\alpha \in [\underline{\alpha},\overline{\alpha}]$ 内，依据目标函数的凹性，可以得出组合政策下的最优解。

命题 4.2 双层监管下，上网电价补贴政策、可再生能源配额政策及其组合政策的发电量和社会福利具有下列特点。

（i）在其他条件不变的情况下，激励政策会影响所有对称信息情况下的可再生能源发电和化石能源电力的发电量。

（ii）在上网电价补贴政策下，两种能源的发电量都与其平准化成本成正比，即 $\dfrac{\bar{q}_r(t_r)}{\bar{q}_n(t_n)} = \dfrac{c_r}{c_n}$。

（iii）可再生能源配额和组合政策下，两种能源的发电量都与其平准化成本成反比，即 $\dfrac{\check{q}_r(\alpha)}{\check{q}_n(\alpha)} = \dfrac{\check{q}_r(\alpha,t_r)}{\check{q}_n(\alpha,t_r)} = \dfrac{c_n}{c_r}$。

证明：（i）由式（4-24）可知，激励政策 α 和 tr 的变化会对可再生能源和化石能源发电总量产生影响。

（ii）求 $\bar{q}_r(t_r)$ 对 $\bar{q}_n(t_n)$ 的商，得到结论。

（iii）求 $\hat{q}_r(\alpha)$ 对 $\hat{q}_n(\alpha)$ 的商，$\check{q}_r(\alpha,t_r)$ 对 $\hat{q}_n(\alpha,t_r)$ 的商，得到结论。

命题得证。

随着激励政策的出台，监管者将直接决定上网电价补贴政策和可再生能源配额政策的发电量；否则，如命题4.2（i）所述，鼓励可再生能源发电的政策将不起作用。定理4.2（ii）表明，在上网电价补贴政策下，可再生能源发电平准化成本越高，则 c_r 对 c_n 的占比越大，可再生能源发电的比例越大。然而，定理4.2（iii）得出了相反的结果。在可再生能源配额和组合政策下，发电厂商可以通过绿色证书交易减少可再生能源发电，以避免增加成本。即使在组合激励政策下，发电厂商的净转移支付依旧存在，但发电厂商也会倾向于以较低的成本发电。在风险中性假设下，发电厂商将倾向于在成本趋于增长的情况下减少发电量。

4.4 甄别监管的市场结构

本节将讨论在上网电价补贴、可再生能源配额及其组合激励政策下，监管者不了解电网和发电厂商的效率参数、监管处于非对称信息状态、需要借助逆向选择的甄别方法求解的情形，如图 4-3 所示。监管者不了解 β 和 θ 以及 e_1 和 e。

4.4.1 甄别模型

首先，以下层框架为例，其中 β 不再是离散型参数，而是一个连续型参数 $\beta \in [\underline{\beta}, \overline{\beta}]$。机制设计的目的是甄别厂商的技术效率参数。因此，令 $\{t_1(\check{\beta}), C_1(\check{\beta})\}$ 表示这样的机制，其中 $\check{\beta} \in [\underline{\beta}, \overline{\beta}]$ 表示发电厂商宣称的自身的效率参数。设置发电厂商的效用 $\tau(\beta, \check{\beta})$ 是真实技术效率参数 β 和宣称技术效率参数 $\check{\beta}$ 的函数：

$$\tau(\beta, \check{\beta}) = t_1(\check{\beta}) - \psi[\beta(c_r q_r + c_n q_n) - C_1(\check{\beta})] \tag{4-25}$$

$\tau(\beta, \check{\beta})$ 的极大化必须满足：

$$\left. \frac{\partial \tau(\beta, \check{\beta})}{\check{\beta}} \right|_{\check{\beta}=\beta} = 0 \tag{4-26}$$

即 $t_1'(\beta) = -\psi'[\beta(c_r q_r + c_n q_n) - C_1(\check{\beta})] C_1'(\beta)$。

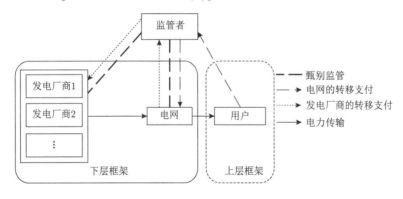

图 4-3 甄别监管模型

其次，上层框架对于 θ 有类似的结果：$t'(\theta) = -\phi'[\theta cq - C(\check{\theta})] C'(\theta)$。利用显示原理和包络定理，以及引理4.2 和引理4.3描述出激励相容约束，引理4.3 定义了整个甄别监管模型。

引理 4.2 下层框架的激励相容约束可以表示为 $U_1'(\beta) = -(c_r q_r + c_n q_n) \psi' \times [\beta(c_r q_r + c_n q_n) - C_1(\beta)]$，上层框架的激励相容约束可以表示为 $U'(\theta) = -cq\phi' \times [\theta cq - C(\theta)]$。

证明： 以下层框架为例。目标函数是求 $\tau(\beta, \check{\beta})$ 关于 $\check{\beta}$ 的极大化。根据显示

原理，当 $\check{\beta} = \beta$ 时 $\tau(\beta, \check{\beta})$ 达到极大值。将 β 视作 $\tau(\beta, \check{\beta})$ 的参数，对式（4-25）使用包络定理，得到：

$$\left.\frac{\mathrm{d}\tau(\beta, \check{\beta})}{\mathrm{d}\beta}\right|_{\check{\beta}=\beta} = \left.\frac{\partial}{\partial\beta}\left\{t_1(\check{\beta}) - \psi\left[\beta(c_r q_r + c_n q_n) - C_1(\check{\beta})\right]\right\}\right|_{\check{\beta}=\beta} \tag{4-27}$$
$$= -(c_r q_r + c_n q_n)\psi'\left[\beta(c_r q_r + c_n q_n) - C_1(\beta)\right]$$

令 $U_1(\beta) = \tau(\beta, \beta)$ 表示技术效率类型为 β 的发电厂商的效用，那么 $\left.\dfrac{\mathrm{d}\tau(\beta, \check{\beta})}{\mathrm{d}\beta}\right|_{\check{\beta}=\beta}$ 可以写成 $U_1'(\beta)$。所以，显示原理令 $\tau(\beta, \beta)$ 极大化的约束 $\check{\beta} = \beta$ 使得：

$$U_1'(\beta) = -(c_r q_r + c_n q_n)\psi'\left[\beta(c_r q_r + c_n q_n) - C_1(\beta)\right] \tag{4-28}$$

类似地，上层框架的激励相容约束可以写为

$$U'(\theta) = -cq\phi'\left[\theta cq - C(\theta)\right] \tag{4-29}$$

命题得证。

引理 4.3　根据下层框架的定义 $C_1 = \beta(c_r q_r + c_n q_n) - e_1$，可以得出结果 $C_1'(\beta) \geqslant 0$，即 $e_1'(\beta) \leqslant c_r q_r + c_n q_n$。

证明：　显示原理要求，对于任意 β 和 β'，都有：

$$t_1(\beta) - \psi\left[\beta(c_r q_r + c_n q_n) - C_1(\beta)\right] \geqslant t_1(\beta') - \psi\left[\beta(c_r q_r + c_n q_n) - C_1(\beta')\right] \tag{4-30}$$

和

$$t_1(\beta') - \psi\left[\beta'(c_r q_r + c_n q_n) - C_1(\beta')\right] \geqslant t_1(\beta) - \psi\left[\beta'(c_r q_r + c_n q_n) - C_1(\beta)\right] \tag{4-31}$$

将式（4-30）和式（4-31）相加，得到：

$$\begin{aligned}&\psi\left[\beta'(c_r q_r + c_n q_n) - C_1(\beta)\right] - \psi\left[\beta(c_r q_r + c_n q_n) - C_1(\beta)\right] \geqslant \\ &\psi\left[\beta'(c_r q_r + c_n q_n) - C_1(\beta')\right] - \psi\left[\beta(c_r q_r + c_n q_n) - C_1(\beta')\right]\end{aligned} \tag{4-32}$$

或 $\displaystyle\int_{\beta}^{\beta'}\int_{C_1(\beta)}^{C_1(\beta')}\psi''(x-y)\,\mathrm{d}x\mathrm{d}y \geqslant 0$。因此，若 $\beta' > \beta$，那么 $C_1(\beta') > C_1(\beta)$。所以，激励相容约束要求 $C_1(\cdot)$ 是单调非减函数，即 $C_1'(\cdot) \geqslant 0$，进而得到 $e_1'(\beta) \leqslant c_r q_r + c_n q_n$。

引理得证。

同样地，上层框架的定义 $C = \theta cq - e(\theta)$ 可以得出结果 $C'(\theta) \geqslant 0$，即 $e'(\theta) \leqslant cq$。

命题 4.3 甄别下的双层监管模型有如下的微分博弈形式：

$$
\begin{cases}
\max\limits_{t_r \geqslant 0, 0 \leqslant \alpha \leqslant 1, e(\cdot), U(\cdot)} W = \frac{1}{1-\lambda} \int_{\underline{\theta}}^{\overline{\theta}} \left\{ \int_0^q p\left(q'\right) \mathrm{d}q' - \left[\theta cq - e\left(\theta\right) + \phi\left(e\right)\right] - U\left(\theta\right) \right\} \\
\qquad \mathrm{d}F\left(\theta\right) - \frac{1}{1-\lambda} \int_{\underline{\beta}}^{\overline{\beta}} \left[\beta\left(c_r q_r + c_n q_n\right) - e_1\left(\beta\right) + \psi\left(e_1\right)\right] - U_1\left(\beta\right)\right] \mathrm{d}F\left(\beta\right) \\
\text{s.t.} \\
U'\left(\theta\right) = -cq\phi'\left[e\left(\theta\right)\right] \\
e'\left(\theta\right) \leqslant cq \\
U\left(\theta\right) \geqslant 0 \\
\left\{\tilde{q}, \tilde{e}_1, \tilde{U}_1\right\} = \mathop{\arg\max}\limits_{q \geqslant 0, e_1(\cdot), U_1(\cdot)} W_1 = \int_{\underline{\beta}}^{\overline{\beta}} \left\{ p\left(q\right) - \frac{1}{1-\lambda}\left[\beta\left(c_r q_r + c_n q_n\right)\right.\right. \\
\qquad\qquad \left.\left. - e_1\left(\beta\right) + \psi\left(e_1\right)\right] - \frac{\lambda}{1-\lambda} U_1\left(\beta\right) \right\} \mathrm{d}F\left(\beta\right) \\
\text{s.t.} \\
U_1'\left(\beta\right) = -\left(c_r q_r + c_n q_n\right)\psi'\left[e_1\left(\beta\right)\right] \\
e_1'\left(\beta\right) \leqslant c_r q_r + c_n q_n \\
U_1\left(\beta\right) \geqslant 0
\end{cases}
$$

$$(4\text{-}33)$$

证明： 令 $F\left(\cdot\right)$ 表示连续分布的概率函数，分布密度为 $f\left(\cdot\right)$。对于任意 $\beta \in [\underline{\beta}, \overline{\beta}]$，$f\left(\beta\right) > 0$。由引理4.2和引理4.3，监管者在激励相容和参与约束下取得甄别问题的极大值。

上层框架中，用户的意愿支付是 $S = \frac{1}{1-\lambda} \int_0^q p\left(q'\right) \mathrm{d}q'$。实际支付包括电网的净转移支付 $P_1 = \frac{1}{1-\lambda} \int_{\underline{\theta}}^{\overline{\theta}} \left[t + \theta cq - e\left(\theta\right)\right] \mathrm{d}F\left(\theta\right)$ 和发电厂商的净转移支付 $P_2 = \frac{1}{1-\lambda} \int_{\underline{\beta}}^{\overline{\beta}} \left[t_1 + \beta\left(c_r q_r + c_n q_n\right) - e_1\left(\beta\right)\right] \mathrm{d}F\left(\beta\right)$。进一步，由于 $U\left(\theta\right) = t - \phi\left(e\left(\theta\right)\right)$，所以 $P_1 = \frac{1}{1-\lambda} \int_{\underline{\theta}}^{\overline{\theta}} \left[\theta cq - e\left(\theta\right) + \phi\left(e\left(\theta\right)\right) + U\left(\theta\right)\right] \mathrm{d}F\left(\theta\right)$。用 $U_1\left(\beta\right) + \psi\left(e_1\left(\beta\right)\right)$ 替换 t_1，得到 $P_2 = \frac{1}{1-\lambda} \int_{\underline{\beta}}^{\overline{\beta}} \left[U_1\left(\beta\right) + \beta\left(c_r q_r + c_n q_n\right) - e_1\left(\beta\right) + \psi\left(e_1\left(\beta\right)\right)\right] \mathrm{d}F\left(\beta\right)$。则用户效用 $S\left(q\right) - P_1 - P_2$ 可以由式（4-33）的目标函数给出。

命题得证。

4.4.2 模型求解

本节用最优控制方法求解式（4-33）的微分博弈问题。令 $U_1\left(\cdot\right)$ 作为状态变量，$e_1\left(\cdot\right)$ 作为控制变量。构建下层框架的 Hamilton 方程如式（4-34）所示：

$$
\begin{aligned}
H_1 = {} & \left\{ p\left(q\right)q - \frac{1}{1-\lambda}\left[\beta\left(c_r q_r + c_n q_n\right) - e_1\left(\beta\right) + \psi\left(e_1\right)\right] - \frac{\lambda}{1-\lambda} U_1\left(\beta\right) \right\} f\left(\beta\right) \\
& - \mu_1\left(\beta\right)\left(c_r q_r + c_n q_n\right)\psi'\left[e_1\left(\beta\right)\right]
\end{aligned}
$$

$$(4\text{-}34)$$

其中 $\mu_1\left(\cdot\right)$ 是 Pontryagin 乘子[90-91]。暂时忽略约束 $e_1'\left(\beta\right) \leqslant c_r q_r + c_n q_n$ 和 $U_1\left(\beta\right) \geqslant 0$，使用极大值原理，得到 $\mu_1'\left(\beta\right) = -\dfrac{\partial H_1}{\partial U_1} = \dfrac{\lambda}{1-\lambda} f\left(\beta\right)$。由于边界 $\beta = \underline{\beta}$ 无约束，那么 $\beta = \underline{\beta}$ 处的横截条件就是 $\mu_1\left(\underline{\beta}\right) = 0$。对 $\mu_1'\left(\beta\right)$ 积分，得到 $\mu_1\left(\beta\right) = \dfrac{\lambda}{1-\lambda} F\left(\beta\right)$。

命题 4.4　式（4-33）的下层框架具有最优解：

$$\psi'\left[e_1\left(\beta\right)\right] = 1 - \frac{\lambda F\left(\beta\right)}{f\left(\beta\right)}\left(c_r q_r + c_n q_n\right)\psi''\left[e_1\left(\beta\right)\right]$$

$$e_1\left(\beta\right) = \frac{1}{k} - \frac{\lambda F\left(\beta\right)}{f\left(\beta\right)}\left(c_r q_r + c_n q_n\right)$$

$$\psi\left[e_1\left(\beta\right)\right] = \frac{K}{2}\left[\frac{1}{k} - \frac{\lambda F\left(\beta\right)}{f\left(\beta\right)}\left(c_r q_r + c_n q_n\right)\right]^2$$

$$U_1\left(\beta\right) = \int_{\beta}^{\overline{\beta}}\left(c_r q_r + c_n q_n\right)\psi'\left[e_1\left(\acute{\beta}\right)\right]\mathrm{d}\acute{\beta}$$

$$t_1\left(\beta\right) = \psi\left[e_1\left(\beta\right)\right] + U_1\left(\beta\right)$$

$$C_1\left(\beta\right) = \beta\left(c_r q_r + c_n q_n\right) - e_1\left(\beta\right)$$

证明：　求 H_1 关于 e_1 的极大值，得到 $\psi'\left[e_1\left(\beta\right)\right] = 1 - \dfrac{\lambda F\left(\beta\right)}{f\left(\beta\right)}\left(c_r q_r + c_n q_n\right)\psi''$ $\left[e_1\left(\beta\right)\right]$。由于假设 $\psi\left[e_1\left(\beta\right)\right] = \dfrac{1}{2}Ke_1^2$，式（4-33）得到结果

$$e_1\left(\beta\right) = \frac{1}{k} - \frac{\lambda F\left(\beta\right)}{f\left(\beta\right)}\left(c_r q_r + c_n q_n\right)$$

和

$$\psi\left[e_1\left(\beta\right)\right] = \frac{K}{2}\left[\frac{1}{k} - \frac{\lambda F\left(\beta\right)}{f\left(\beta\right)}\left(c_r q_r + c_n q_n\right)\right]^2$$

对式（4-33）的约束 $U_1'\left(\beta\right) = -\left(c_r q_r + c_n q_n\right)\psi'[e_1\left(\beta\right)]$ 在区间 $\left[\beta, \overline{\beta}\right]$ 积分，得到

$$U_1\left(\overline{\beta}\right) - U_1\left(\beta\right) = -\int_{\beta}^{\overline{\beta}}\left(c_r q_r + c_n q_n\right)\psi'\left[e_1\left(\acute{\beta}\right)\right]\mathrm{d}\acute{\beta}$$

由参与约束，低效发电厂商仅仅得到保留收益 0，即 $U_1\left(\overline{\beta}\right) = 0$。因此

$$U_1\left(\beta\right) = \int_{\beta}^{\overline{\beta}}\left(c_r q_r + c_n q_n\right)\psi'\left[e_1\left(\acute{\beta}\right)\right]\mathrm{d}\acute{\beta}$$

由 t_1 和 $C_1(\beta)$ 的定义，可以得到

$$t_1(\beta) = \psi[e_1(\beta)] + U_1(\beta)$$

和

$$C_1(\beta) = \beta(c_r q_r + c_n q_n) - e_1(\beta)$$

命题得证。

下面考虑约束条件。对 $\psi'[e_1(\beta)]$ 求微分，得到

$$e_1'(\beta) = -\frac{\lambda(c_r q_r + c_n q_n)\psi''[e_1(\beta)]\left(\dfrac{\mathrm{d}}{\mathrm{d}\beta}\right)\left[\dfrac{F(\beta)}{f(\beta)}\right]}{\psi''[e_1(\beta)] + \lambda(c_r q_r + c_n q_n)\left[\dfrac{F(\beta)}{f(\beta)}\right]\psi'''[e_1(\beta)]}$$

假设 F 具有单调风险率（或对数凹性）性质，即 $\left(\dfrac{\mathrm{d}}{\mathrm{d}\beta}\right)\left[\dfrac{F(\beta)}{f(\beta)}\right]$ 是非负的[①]。由于假设 $\psi' > 0$，$\psi'' > 0$ 以及 $\psi''' \geqslant 0$，所以 $e_1'(\beta) \leqslant 0$。另外，由于 $\psi' > 0$，$\beta \leqslant \overline{\beta}$，所以 $U_1(\beta) \geqslant 0$。那么，约束 $e_1'(\beta) \leqslant (c_r q_r + c_n q_n)$ 和 $U_1(\beta) \geqslant 0$ 同时满足。

命题 4.5 式（4-33）的上层框架具有最优解：

$$\phi'[e(\theta)] = 1 - \frac{F(\theta)}{f(\theta)}cq\phi''[e(\theta)]$$

$$e(\theta) = \frac{1}{G} - \frac{F(\theta)}{f(\theta)}cq$$

$$\phi[e(\theta)] = \frac{G}{2}\left[\frac{1}{G} - \frac{\lambda F(\theta)}{f(\theta)}\right]^2$$

$$U(\theta) = \int_\theta^{\overline{\theta}} cq\phi'\left[e\left(\acute{\theta}\right)\right]\mathrm{d}\acute{\theta}$$

$$t(\theta) = \psi[e(\theta)] + U(\theta)$$

$$C(\theta) = \beta cq - e(\theta)$$

证明： 定义上层框架的 Hamilton 方程为

$$H = \left\{\frac{1}{1-\lambda}\left[\int_0^q p(q')\,\mathrm{d}q' - (\theta cq - e(\theta) + \phi(\theta) - U(\theta))\right]\right\}f(\theta) - \mu(\theta)cq\phi'[(\theta)]$$

[①] 大多数分布，如均匀分布、正态分布、对数分布、χ^2 分布、指数分布和拉普拉斯分布都满足这一性质[93-95]。

其中 $\mu(\cdot)$ 是 Pontryagin 乘子。暂时忽略约束 $e'(\theta) \leqslant$ 和 $U(\theta) \geqslant 0$，使用极大值原理得到 $\mu'(\theta) = -\dfrac{\partial H}{\partial U} = \dfrac{1}{1-\lambda}f(\theta)$。对 $\mu'(\theta)$ 在区间 $[\underline{\theta},\overline{\theta}]$ 积分。由于在 $\theta = \underline{\theta}$ 点处横截条件 $\mu(\underline{\theta}) = 0$，那么 $\mu(\theta) = \dfrac{1}{1-\lambda}F(\theta)$。$H$ 对 e 求极大值得到 $\phi'[e(\theta)] = 1 - \dfrac{F(\theta)}{f(\theta)}cq\phi''[e(\theta)]$。由假设 $\phi(e) = \dfrac{1}{2}Ge^2$，得到 $e(\theta) = \dfrac{1}{G} - \dfrac{F(\theta)}{f(\theta)}cq$，$\phi[e(\theta)] = \dfrac{G}{2}\left[\dfrac{1}{G} - \dfrac{F(\theta)}{f(\theta)}cq\right]^2$。然后，对上层约束 $U'(\theta) = -cq\phi'[e(\theta)]$ 在区间 $[\underline{\theta},\overline{\theta}]$ 积分，得到 $U(\overline{\theta}) - U(\theta) = -\int_\theta^{\overline{\theta}} cq\phi'\left[e(\acute{\theta})\right]\mathrm{d}\acute{\theta}$。由于低效电网保留收益为 0，即 $U(\overline{\theta}) = 0$，可以得出 $U(\theta) = \int_\theta^{\overline{\theta}} cq\phi'\left[e(\acute{\theta})\right]\mathrm{d}\acute{\theta}$。

命题得证。

下面考虑约束条件。对 $\phi'[e(\theta)]$ 求微分，得到

$$e'(\theta) = -\frac{\lambda cq\phi''[e(\theta)]\left(\dfrac{\mathrm{d}}{\mathrm{d}\theta}\right)\left[\dfrac{F(\theta)}{f(\theta)}\right]}{\phi''[e(\theta)] + cq\left[\dfrac{F(\theta)}{f(\theta)}\right]\phi'''[e(\theta)]}$$

假设 F 具有单调风险率（或对数凹性）性质，即 $\left(\dfrac{\mathrm{d}}{\mathrm{d}\theta}\right)\left[\dfrac{F(\theta)}{f(\theta)}\right]$ 是非负的。由于假设 $\phi' > 0$，$\phi'' > 0$ 以及 $\phi''' \geqslant 0$，所以 $e'(\theta) \leqslant 0$。由于 $\phi' > 0$，$\theta \leqslant \overline{\theta}$，所以 $U(\theta) \geqslant 0$。所以，约束 $e'(\theta) \leqslant cq$ 和 $U(\theta) \geqslant 0$ 同时满足。

命题 4.6　非对称信息下的监管导致发电厂商和电网向上的效用扭曲。

证明：　在信息不对称情形，由于 $\psi'(\cdot) > 0$ 和 $\beta \leqslant \overline{\beta}$，有 $U_1(\beta) \geqslant 0$。这意味着发电厂商的效用有了向上的扭曲。此外，$\phi'(\cdot) > 0$ 和 $\theta \leqslant \overline{\theta}$，有 $U(\theta) \geqslant 0$，即电网的效用也有了向上的扭曲。

命题得证。

在命题4.2的（ii）和（iii）的基础上，分别得到了上网电价补贴、可再生能源配额及其组合政策下的发电量。三种激励政策甄别监管的下层框架都有性质：$W_1''(q) \leqslant 0$ [①]。因此，三种激励政策的发电量的最优解为

$$\tilde{q}_{\text{FITs}} = \frac{6A(1-\lambda) - 6(t_r + t_n) + (c_r + c_n)[3\Delta\beta(1-\lambda) - 6E(\beta) - \lambda\Delta\beta^2]}{4(1-\lambda)[K\lambda(c_r^2 + c_n^2)\Delta\beta^2 + 3Z]}$$

$$(4\text{-}35)$$

---

① 上网电价补贴的下层框架中 $W_1''(q) = -2Z - \dfrac{8K\lambda}{3}(c_r + c_n)$；可再生能源配额的下层框架中 $W_1''(q) = -2Z + \dfrac{4K\lambda^2[\alpha c_r + (1-\alpha)c_n]^2}{3(1-\lambda)}$，其中 $K \ll Z$；组合政策的下层框架中 $W_1''(q) = -2Z - \dfrac{8K\lambda}{3}[\alpha c_r + (1-\alpha)c_n]^2$。

$$\tilde{q}_{\text{RPS}} = \frac{6A(1-\lambda) - 3\left[2E(\beta) + \lambda\Delta\beta\right]\left[\alpha c_r + (1-\alpha)c_n\right]}{12Z(1-\lambda) - 2K\lambda^2\left[\alpha c_r + (1-\alpha)c_n\right]^2\Delta\beta^2} \tag{4-36}$$

$$\tilde{q}_{\text{FITs\&RPS}} =$$

$$\frac{6A(1-\lambda) - 6(t_r + t_n) - \left[\alpha c_r + (1-\alpha)c_n\right]\left[6E(\beta) - 3(1-\lambda)\Delta\beta + \lambda\Delta\beta^2\right]}{4(1-\lambda)\left\{K\lambda\Delta\beta^2\left[\alpha c_r + (1-\alpha)c_n\right]^2 + 3Z\right\}} \tag{4-37}$$

由于式（4-35）、式（4-36）和式（4-37）不能完全得到解析解，下面将在4.5节使用内点算法借助 MATLAB 的 fmincon 优化工具包来求信息不对称下甄别监管的最优解。每种激励政策下的监管都可以看作一个极大化问题，分别带有约束：$\tilde{q}_{\text{FITs}} \geqslant 0$、$\tilde{q}_{\text{RPS}} \geqslant 0$ 和 $\tilde{q}_{\text{FITs\&RPS}} \geqslant 0$。

4.5 数值模拟和反事实分析

本节借助数值模拟实验研究厂商利益和社会福利的影响因素。更具体地，为了探究影响可再生能源发电激励政策选择决策的关键因素。根据前面的理论推导，通过均衡分析来验证其有效性。然后，通过反事实分析来测试所提模型的鲁棒性，并总结不同可再生能源发电激励政策的优势和弱点。

4.5.1 数据设置

参考国际能源署和核能署[104] 报告中中国发电厂的平准化发电成本，本章考虑集中式和分布式太阳能光伏发电：太阳能光伏商用屋顶、大型太阳能光伏和地面安装光伏，以及陆上风电、海上风电和水电；将联合循环天然气涡轮机、超超临界煤和核能作为化石发电能源。参照国际能源署和核能署[104] 报告中折现率为 3% 时的算术平均平准化成本，本章设置 $c_r = 315$ 元/兆瓦时，$c_n = 385$ 元/兆瓦时。利用 Lin 和 Wu 的研究[97]，本章将 $c = 420$ 元/兆瓦时作为电网的输配售电成本。在《电力发展"十三五"规划（2016—2020 年）》[2] 的基础上，本章将 $t_n = 7$ 元/兆瓦时作为化石能源发电商的净转移支付。根据我国华能国际[105]、大唐国际[106]、华电国际[107]、国电电力[108]、国投电力[109] 五大电厂的审计报告，税率水平设置为 $\lambda = 3\%$。此外，我国对清洁能源配额标准没有设定上限或下限。然而，《国家能源局关于建立可再生能源开发利用目标引导制度的指导意见》[110] 指出，到 2020 年，清洁能源发电量必须超过总发电量的 9%。因此，设置清洁能源配额政策和组合策略的配额标准 α 的下限 $\underline{\alpha} = 0.09$。《电力发展"十三五"规划（2016—2020 年）》[2] 规定，到 2020 年，清洁能源发电量必须占发电总量的 31%

以上。因此，本章考虑技术进步的局限性，设置 $\overline{\alpha} = 0.31$。

另外，根据 Siddiqui 等的研究[13]，本章设置 $A = 910$ 元/兆瓦时和 $Z = 0.07$ 元/兆瓦时 ^{2}。与 Boomsma 等的研究[39] 一致，本章设定 RECs 市场出清价格为 70 元/兆瓦时，而发电商和电网的努力负效用系数 K 假设远小于 Z，分别为 $K = 1.4 \times 10^{-6}$/元和 $G = 1.4 \times 10^{-6}$/元。为体现发电商和电网的异质性，本章设定效率参数 β 和 θ 服从信息不对称情况下的均匀分布。为了便于阐述，分别设置双层监管时 $\beta = 1$ 和 $\theta = 1$，甄别监管时 $\beta \sim U(0,2)$ 和 $\theta \sim U(0,2)$。那么，甄别监管下的效率参数 β 和 θ 具有与双层监管相同的均值，即 $E(\beta) = 1$ 和 $E(\theta) = 1$，这样便于在相同规模下比较不同激励政策的效果。各参数的取值见表4-2。

表 4-2　参数的取值

参数	取值	文献/依据	参数	取值	文献/依据
c_r	315 元/兆瓦时	[103]	λ	3%	[105-109]
c_n	385 元/兆瓦时	[103]	A	910 元/兆瓦时	[13]
c	420 元/兆瓦时	[104]	Z	0.07 元/兆瓦时 ^{2}	[13]
t_n	7 元/兆瓦时	[2]	p_{rec}	70 元/兆瓦时	[39]
$\underline{\alpha}$	0.09	[110]	β	1	对称信息
$\overline{\alpha}$	0.31	[2]	θ	1	对称信息
K	1.4×10^{-6} /元	[13]	β	$\sim U(0,2)$	非对称信息
G	1.4×10^{-6} /元	[13]	θ	$\sim U(0,2)$	非对称信息

4.5.2　均衡分析

本节进行均衡分析，以研究不同政策的影响。更具体地，探究参数波动对社会福利的影响。为此，本章将可再生能源和化石能源发电平准化成本参数作为研究标的，因为它们是影响激励政策效果的潜在关键因素。这三种市场结构分别缩写为 CP、BR 和 SR，分别表示集中计划、双层监管和甄别监管。

从图4-4可以看出，组合激励政策抵消了其他政策的波动性。与基准模型集中计划结果的鲁棒性相比，图 4-4（d）和图 4-4（e）显示，在双层监管和甄别监管下，发电量和电价波动更小。此外，在甄别监管下，社会福利的变化更为剧烈。集中计划的社会福利并不比双层监管低，甄别监管成本将显著降低社会福利，致使其低于集中计划和双层监管的社会福利 [图 4-4（a）]。上网电价补贴政策和组合政策中，降低可再生能源发电的成本将给发电厂商和电网带来更大的效用 [图 4-4（b）和图 4-4（c）]，因为这样会激励更多的发电量，参见式（4-35）和式（4-37）。

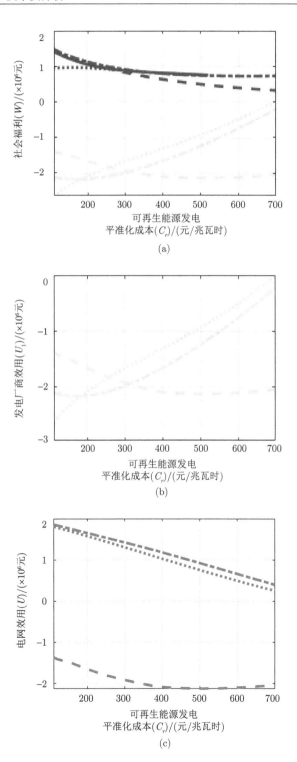

(a)

(b)

(c)

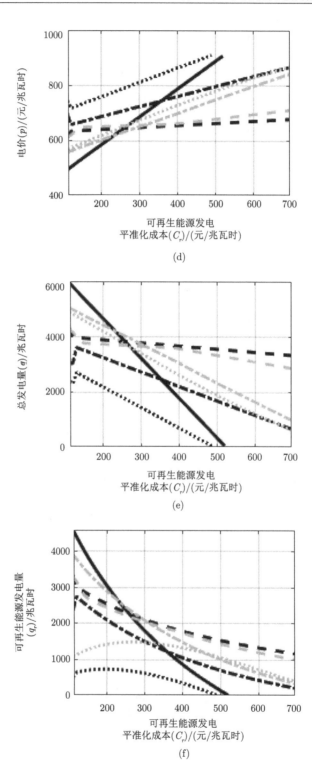

(d)

(e)

(f)

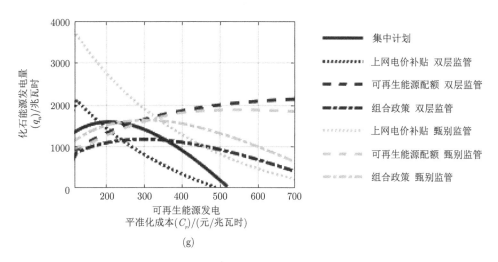

(g)

图 4-4   可再生能源发电平准化成本对社会福利、厂商效用、发电量和电价的影响

图4-5（e）和图4-5（d）显示，无论在集中计划、双层监管和甄别监管情况下，较高的成本都会导致较低的发电量和较高的电价[1]。增加 c_n 将增加上网电价补贴政策的 MRS，从而提高化石能源在总发电量中的比例 [图4-5（g）]。图4-5（f）和图4-5（g）的结果可以解释命题4.2的（ii）和（iii），而图4-5（b）和图4-5（c）所列结果符合命题4.6。当 c_n 取值在合理区间时，组合政策不会导致社会福利 [图4-5（a）] 的极端情况。简而言之，组合政策比单独政策更可取，因为它可以平衡上网电价补贴和可再生能源配额政策的影响，并且这个结果可以回答4.1节提出的研究问题 Q1。

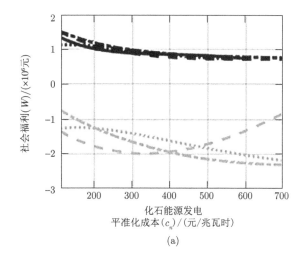

(a)

① 当 $\bar{q}(t_r) < 0$ 时，双层监管下上网电价补贴政策无法取值。

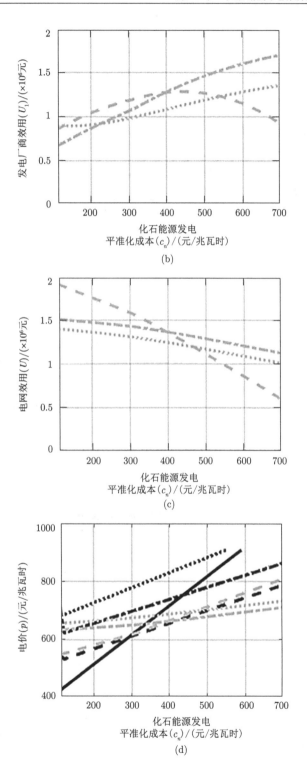

(b)

(c)

(d)

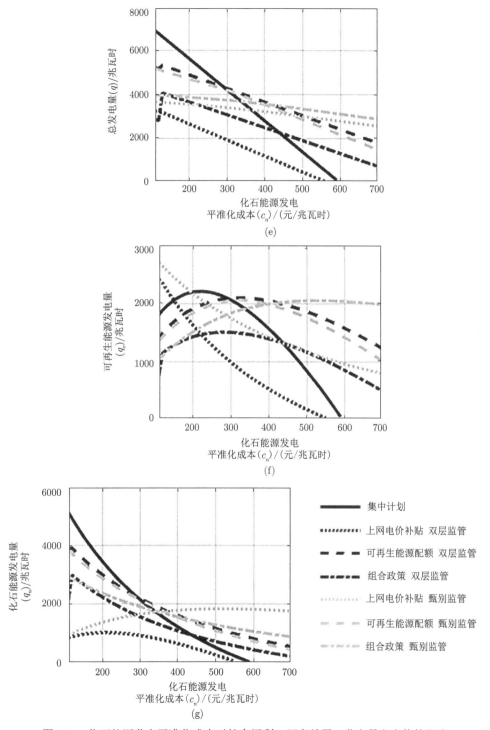

图 4-5 化石能源发电平准化成本对社会福利、厂商效用、发电量和电价的影响

　　图4-6给出了社会福利、发电厂商和电网效用,其中可再生能源和化石能源发电的成本是影响管理者决策的关键因素。关于这个结果的讨论回答了研究问题Q2。图4-6（a）显示,当化石能源发电成本显著低于可再生能源发电成本时,组合政策激励措施是适当的。在这个阶段,组合政策的激励措施既保证了发电厂商的收益,又对发电部门的发电量进行了数量分配,所以适宜采取双管齐下的方法。当可再生能源发电成本与化石能源发电成本大致相等时,此时两种能源具有相似的特性,那么可再生能源配额的作用较弱。随着成本的降低和可再生能源发电的发展,发电厂商更倾向于增加发电量并以绿色证书价格销售,以获得更高的收入。更进一步,当可再生能源发电成本降到足够低时,维持利润不再困难。因此,在电价不变的情况下,上网电价补贴政策不再适合使用。

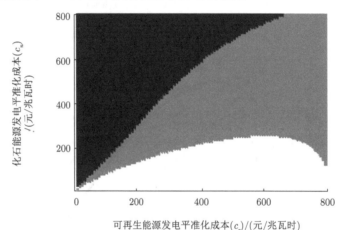

(a) 社会福利(甄别非对称信息)

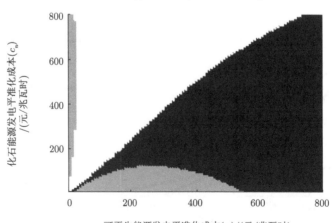

(b) 发电厂商效用(甄别非对称信息)

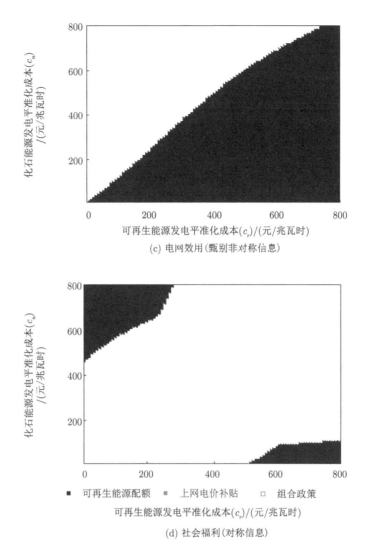

(c) 电网效用(甄别非对称信息)

(d) 社会福利(对称信息)

图 4-6 可再生能源发电和化石能源发电平准化成本对社会福利、发电厂商和电网效用的影响

对政策影响的理解可以从均衡分析中得到，对政策工具的讨论可以在可再生能源发展不同阶段解释研究问题 Q3。在发展初期，可再生能源发电平准化成本远远高于化石能源平准化发电成本。从社会福利的角度来看，组合政策适合在该阶段采用。这一阶段对应于图4-6（a）中的组合政策优先区域。然而，当时监管者只使用了上网电价补贴政策来激励可再生能源发电，而没有采用本应实施的组合政策。由于可再生能源配额和绿色证书交易机制在这一阶段还没有建立，为了激励可再生能源发电的发展，监管者必须加大上网电价补贴力度。因此，向可再生能源发电厂商的净转移支付相对较高。

随着可再生能源发电成本的降低，向发电厂商的净转移支付降低到正常水平。对于上网电价补贴政策的优先区域而言，监管者最好在该阶段采用单独的上网电价补贴政策。以便提升社会福利 [图4-6（a）]。根据国际能源署和核能署发电成本报告[104]，折现率为 7% 时，2015 年我国超超临界煤的发电成本（544 元/兆瓦时）与太阳能光伏商用屋顶的发电成本（551 元/兆瓦时）、太阳能光伏大型地面安装的发电成本（508 元/兆瓦时）非常接近。由于可再生能源和化石能源发电成本大致相似，可再生能源配额和绿色证书交易机制的影响变得过于微弱，无法影响社会福利。而现实情况是，监管者适时出台了上网电价补贴单独激励政策。

当可再生能源发电的平准化成本降低到低于化石能源发电平准化成本的水平以下时，由于净转移支付的作用减弱，独立的可再生能源配额不适合作为未来的激励政策。2018 年 3 月，国家准备实施可再生能源配额和绿色证书交易机制[111]。这是确保包括水电在内的非化石能源占能源消费总量比重达标。政府还宣布，未来的绿色证书交易机制将与可再生能源电力价格和补贴机制进一步对接。政府的该项举措将以绿色证书交易机制代替可再生能源电力补贴，成为可再生能源发电厂商的额外收入[111]。这些政策工具的运用恰当地吻合了图4-6（a）的结果。

4.5.3　鲁棒性分析

本节进行了一个鲁棒性测试来验证本章提出的双层监管模型的稳定性。每个参数变化对应于一系列的组图，该图的结果解释了研究问题 Q4。

图4-7显示出在逐步降低的输配售电成本的影响下社会福利的向下扭曲。与上网电价补贴政策相比，可再生能源配额政策下的社会福利显示出微弱的下行趋势，组合政策中和了两者的影响 [图4-7（a）]。值得注意的是，可再生能源配额涉及绿色证书交易，电力传输的高成本会提高交易成本，从而间接地降低社会福利。另外，上网电价补贴政策缓解了社会福利的下行趋势 [图4-7（a）]。

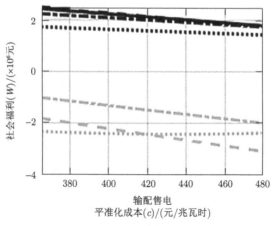

(a)

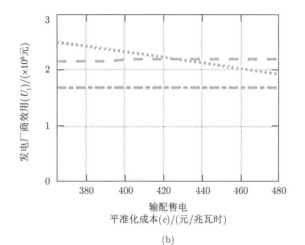

(b)

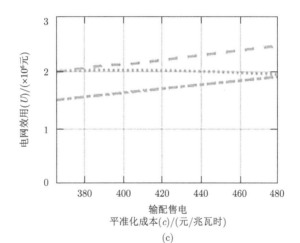

(c)

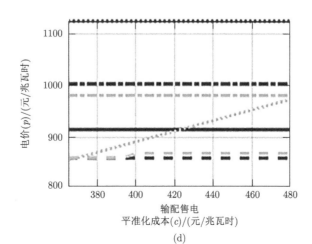

(d)

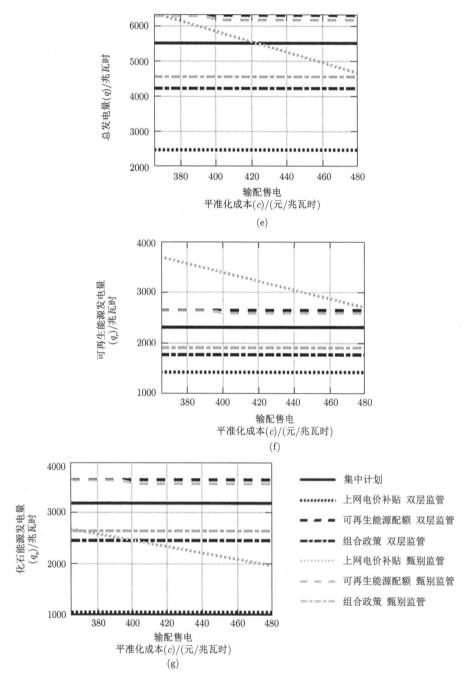

图 4-7　输配售电平准化成本对社会福利、厂商效用、发电量和电价的影响

　　虽然支付给化石能源发电部门的净转移支付的波动不影响可再生能源配额，但是它大大增加了上网电价补贴政策和组合政策的社会福利 [图4-8（a）]。因为

t_n 的扩大将增加发电成本,小幅度降低上网电价补贴和组合政策下的总发电量 [图4-8(e)、图4-8(f)和图4-8(g)]。如图4-8(b)和图4-8(c)所示,上网电价补贴政策和组合政策对发电厂商与电网的效用产生轻微负向作用。另外,图4-8(a)显示,在甄别监管下,增加向化石能源发电部门的净转移支付会缓慢地提高社会福利,原因是化石能源发电部门承担着安全可靠供电的社会职责。此外,还可以得出结论,虽然组合政策会导致甄别监管时的扭曲,但是它始终居于两个独立政策的中间区域,解释了研究问题 Q4。

当税率有微小变化时,组合政策会显现一个相对稳定的状态。选择 1%~15% 的税率区间来检验这种效果(图4-9),本章发现在双层监管市场结构下,三种政策之间没有明显的差异,即较高的税率对社会福利有更大的贡献。税率越高,意味着发电成本越高,从而降低发电量 [图4-9(e)、图4-9(f)和图4-9(g)]。这导致发电厂商和电网 [图4-9(b)和图4-9(c)] 的效用呈现降低的趋势。综上所述,可再生能源配额政策表现为平稳曲线,上网电价补贴政策增减趋势更加明显,组合政策大多表现为中性。这个结果也回答了研究问题 Q4。

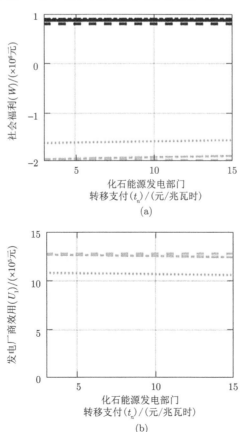

(a)

(b)

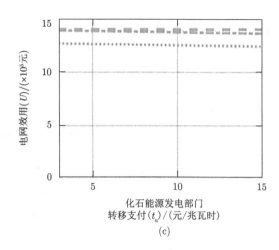

(c)

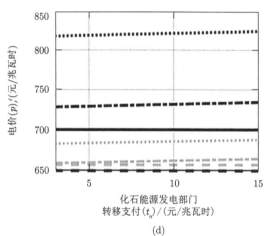

(d)

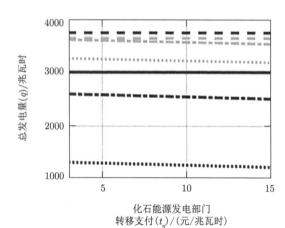

(e)

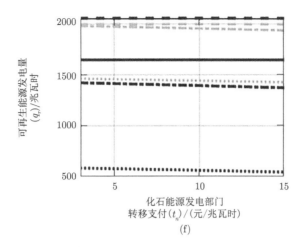

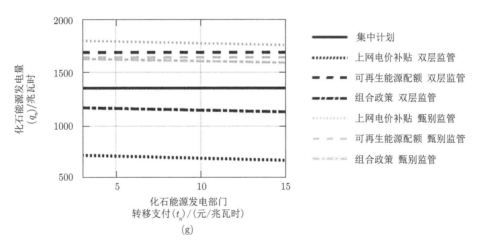

图 4-8　化石能源发电部门的净转移支付对社会福利、厂商效用、发电量和电价的影响

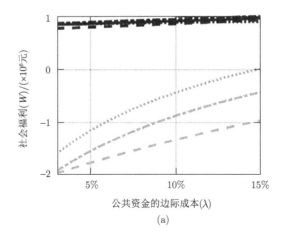

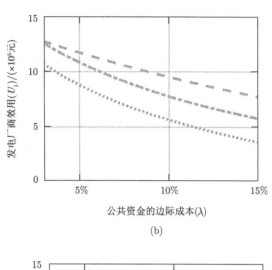

(b)

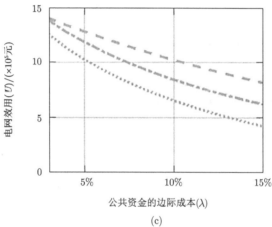

(c)

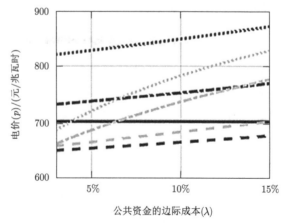

(d)

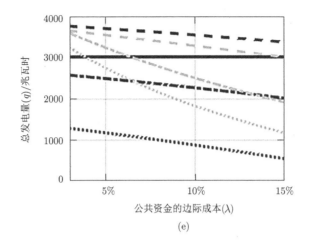

(e)

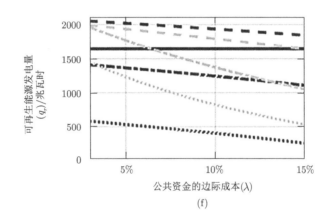

(f)

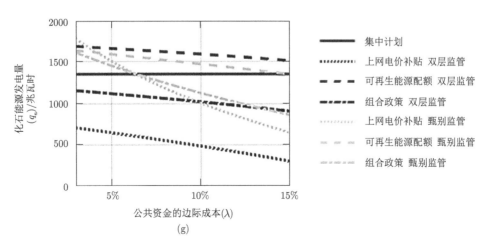

(g)

图 4-9 税率对社会福利、厂商效用、发电量和电价的影响

　　发电厂商的发电量、效用以及电价，并不会因电网边际负效用增长率的改变而受影响 [图4-10（b）及图4-10（d）～（g）] 由命题4.5，$U(\theta) = \int_{\underline{\theta}}^{\overline{\theta}} cq\phi'\left[e\left(\acute{\theta}\right)\right]\mathrm{d}\acute{\theta}$，$\phi'[e(\theta)] = 1 - \dfrac{F(\theta)}{f(\theta)}cq\phi''[e(\theta)]$ 以及假设 $\phi(e) = \dfrac{1}{2}Ge^2$，$\phi''(e) = G$。$G$ 的变化对于电网的效用 $U(\theta)$ 起到反向效果 [图4-10（c）]。另外，组合政策社会福利也随着电网边际负效用增长率的变化而快速下降 [图4-10（a）]，并呈现平稳状态，可以作为研究问题 Q4 的解释。

　　发电厂商边际负效用增长率对社会福利的影响如图4-11（a）所示，其结果与图4-10相似。由命题4.4，$U_1(\beta) = \int_{\underline{\beta}}^{\overline{\beta}}(c_r q_r + c_n q_n)\psi'\left[e_1\left(\acute{\beta}\right)\right]\mathrm{d}\acute{\beta}$，$\psi'[e_1(\beta)] = 1 - \dfrac{\lambda F(\beta)}{f(\beta)}(c_r q_r + c_n q_n)\psi''[e_1(\beta)]$ 以及假设 $\psi(e_1) = \dfrac{1}{2}Ke_1^2$，$\psi''(e_1) = K$。$K$ 的变化对发电厂商的效用有反向作用 [图4-11（b）]。图4-11（a）～（c）回答了研究问题 Q4。

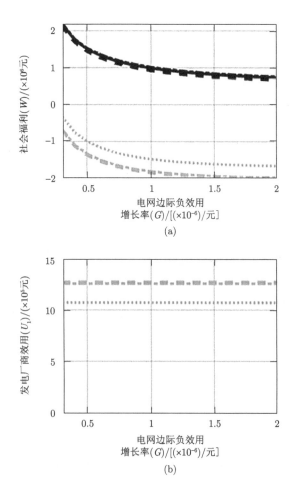

(a)

(b)

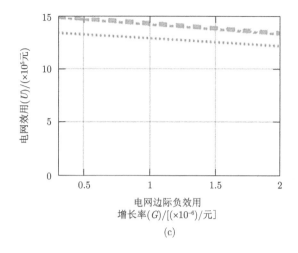

(c)

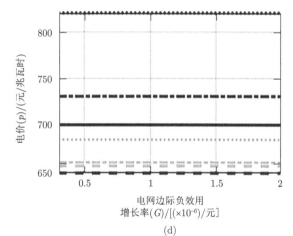

(d)

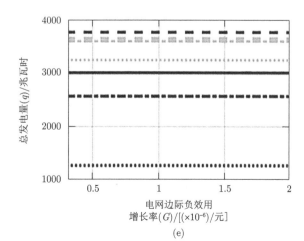

(e)

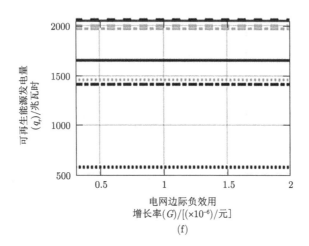

(f)

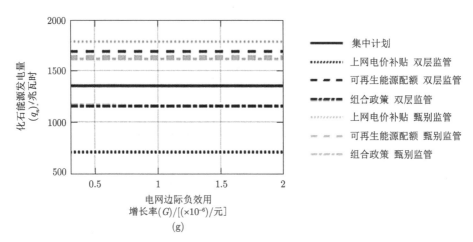

(g)

图 4-10　电网边际负效用增长率对社会福利、厂商效用、发电量和电价的影响

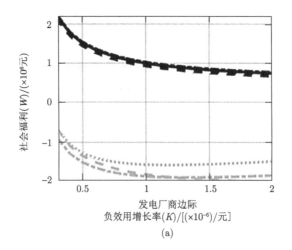

(a)

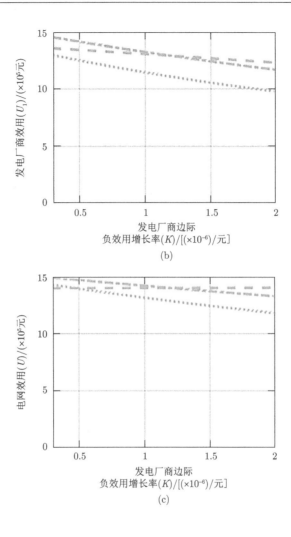

(b)

(c)

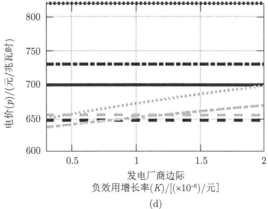

(d)

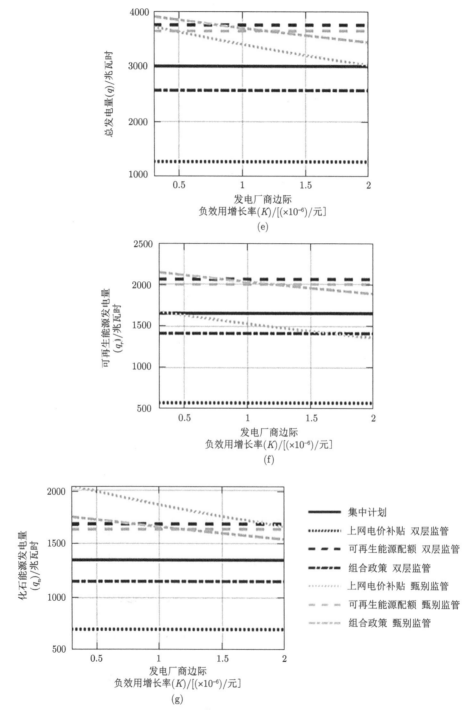

图 4-11　发电厂商边际负效用增长率对社会福利、厂商效用、发电量和电价的影响

从图4-12可以看出,组合政策在甄别监管中起着调节作用。随着反需求函数截距A的增大,发电厂商和电网的效用在甄别监管中呈现出上升趋势 [图4-12(b)~(c)],而与采取上网电价补贴、可再生能源配额或组合政策无关。为避免发电量 q 取负值,本节选择一个从 $A = 110$ 元/兆瓦时开始的合理区间。在这种模式下,A 增加,发电量的数量就会增加 [图4-12(e)~(g)];同时因为 $p = A - Zq$,电价 p 也会增加 [图4-12(d)]。

反需求函数斜率 Z 与社会福利的关系如图4-13(a)所示。无论实施何种政策,甄别监管下都呈现整体上升趋势 [图4-13(a)]。Z 的增加将减少发电量 [图4-13(e)~(g)]。当 Z 较低时,即从 0.005 元/兆瓦时^2 至 0.01 元/兆瓦时^2 取值时,电力需求急剧下降,并引起发电厂商效用和电网效用的迅速下降 [图4-13(b)~(c)]。另外,从 0.01 元/兆瓦时^2 开始的斜率 Z 越大,电力需求将逐渐减小 [图4-13(e)~(g)]。

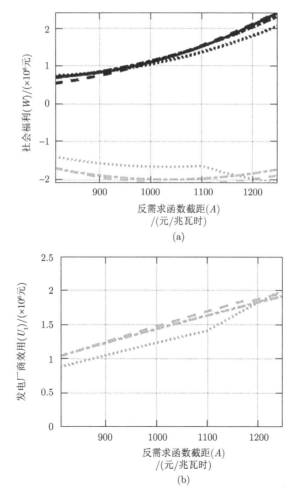

(a)

(b)

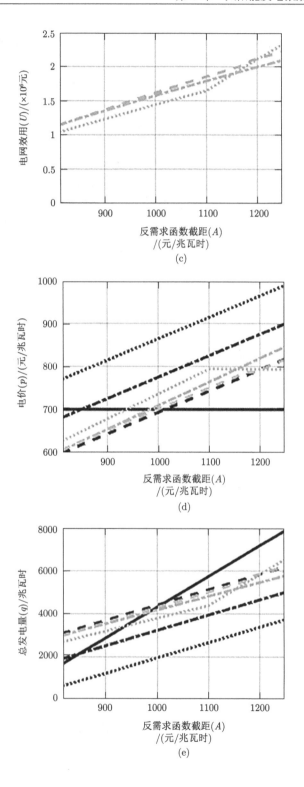

(c)

(d)

(e)

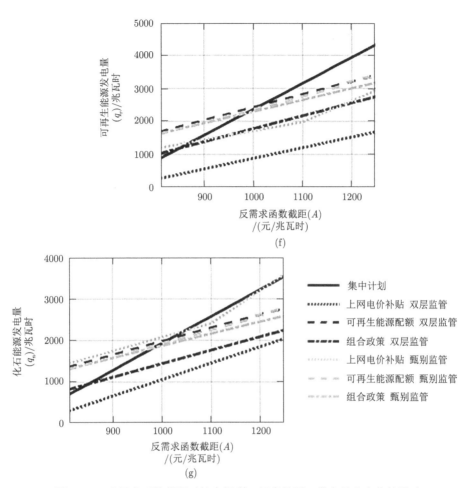

图 4-12　反需求函数截距对社会福利、厂商效用、发电量和电价的影响

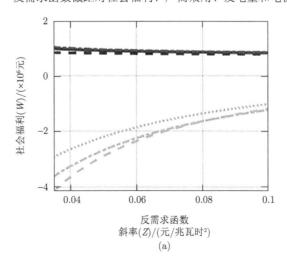

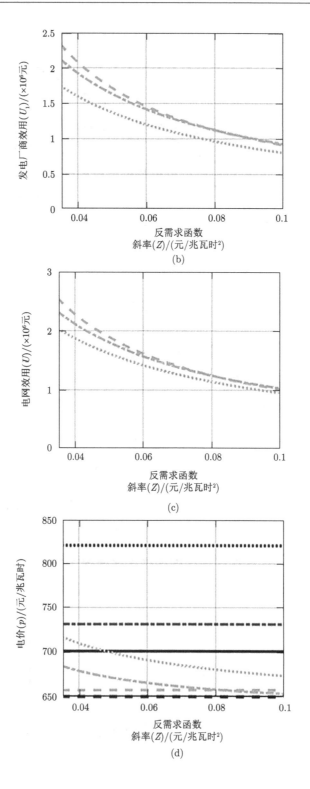

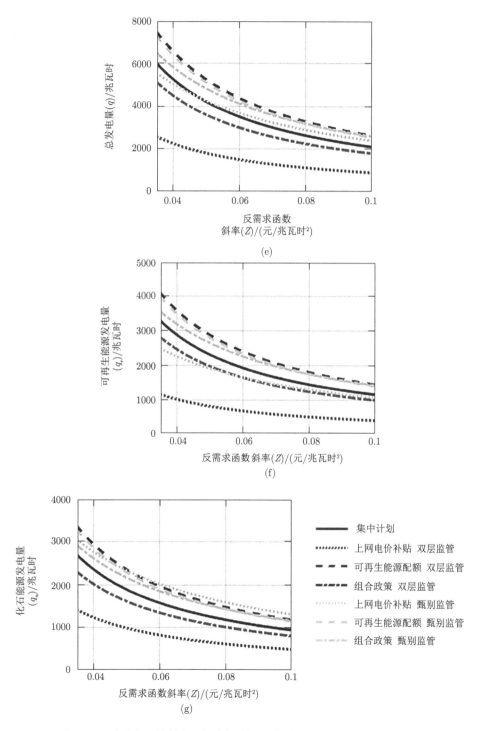

图 4-13　反需求函数斜率对社会福利、厂商效用、发电量和电价的影响

图4-14是外生变量 p_{rec} 的变化对社会福利、厂商效用、发电量和电价的影响。

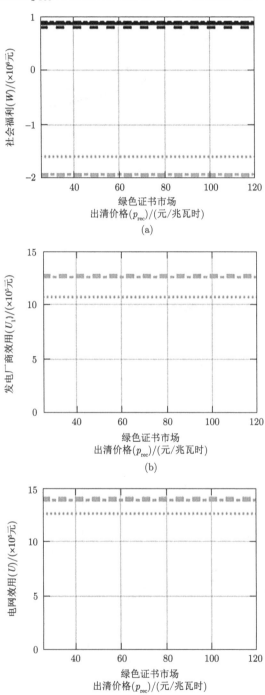

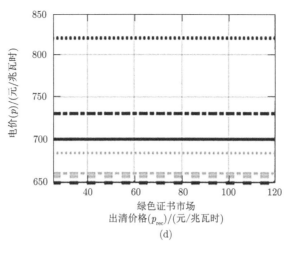

(d)

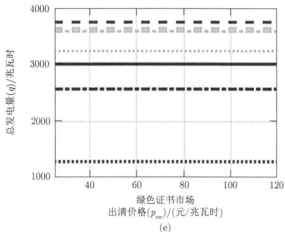

(e)

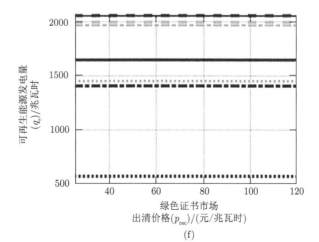

(f)

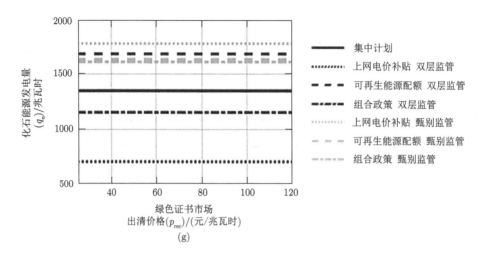

图 4-14   绿色证书市场出清价格对社会福利、厂商效用、发电量和电价的影响

此外，本节将双层监管和甄别监管下 MRS 的定义扩展为 MRS $=$ $m \dfrac{\partial W_1}{\partial q_r} / \dfrac{\partial W_1}{\partial q_n}$，集中计划下为 MRS $= m \dfrac{\partial W}{\partial q_r} / \dfrac{\partial W}{\partial q_n}$。图4-15为参数 m 变化形成的影响。除了双层监管下 [图4-15（d）~（g）] 发电量和电价发生变化外，图4-14和图4-15两张图几乎没有变化。综上所述，鲁棒性分析表明，双层监管和甄别监管模型几乎不受绿色证书交易价格和替代弹性的影响。

以上讨论的数值模拟实例探讨了上网电价补贴、可再生能源配额的内点解析解，以及不同情况下的组合政策。图4-7至图4-15揭示出各参数波动对社会福利等指标的影响。在甄别监管模型下，逆向选择导致了企业效用的向上扭曲，以及社会福利的向下扭曲。与独立政策相比，组合政策多处于中间位置，可以很好地回答研究问题 Q4。

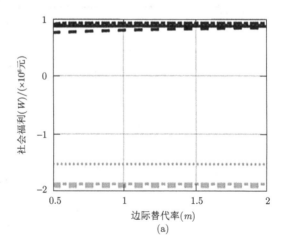

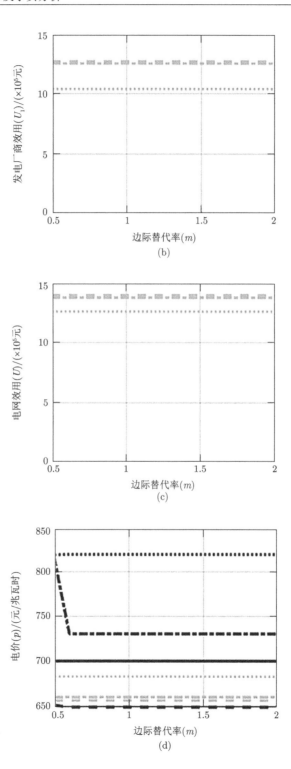

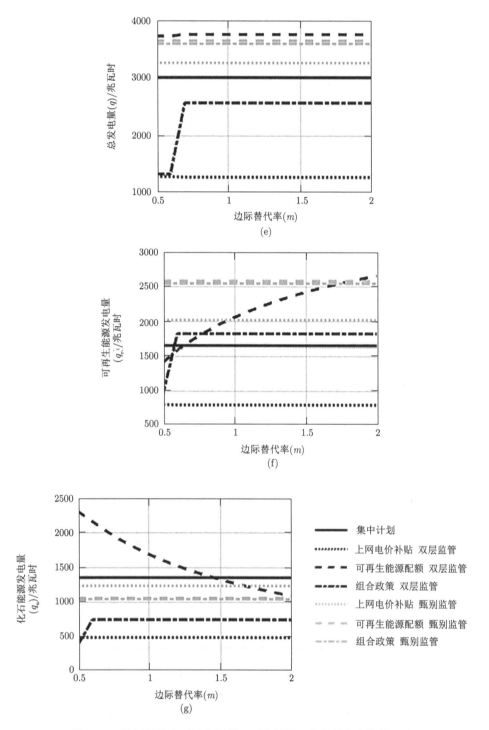

图 4-15　边际替代率对社会福利、厂商效用、发电量和电价的影响

综上，对于本章的研究问题回答如下。Q1，对于社会福利而言，上网电价补贴和可再生能源配额组合政策仅仅在可再生能源发电发展初期强于两项激励政策的单独作用。Q2，当监管者制定政策时，影响监管者在采取单独政策或组合政策之间做出选择的关键因素是可再生能源发电的平准化成本，反映可再生能源发电行业的发展阶段。Q3，从社会福利极大化角度来看，在当前可再生能源发电和化石能源发电的平准化成本基本相当的环境下，监管者应该使用上网电价补贴政策。Q4，组合政策对环境变化的敏感性要弱于单独作用的可再生能源发电激励政策，可以中和两者引起的社会福利的剧烈波动。

4.6 本 章 小 结

上网电价补贴和可再生能源配额是世界范围内普遍采用的两项可再生能源发电激励政策。有些国家正在同时采用这两项政策。因此，本章的目的是探究组合政策是否优于单独执行的政策。

本章的贡献体现在三个方面。首先，从社会福利的角度出发，探讨了上网电价补贴和可再生能源配额相结合的发电激励政策的效果。其次，本章考虑了现实中信息不对称的情况。最后，本章考虑了三种市场结构，即集中计划、双层监管和甄别监管，并提出了一些反直觉的观点。令人惊讶的是，这种组合政策只在可再生能源发电技术的早期发展阶段表现良好，它起到缓冲器的作用，中和了上网电价补贴和可再生能源配额对社会福利的剧烈波动。此外，当可再生能源发电的平准化成本低于化石能源发电的平准化成本时，可再生能源配额是一种较好的方法；而当两者接近时，上网电价补贴较好。

从社会福利的角度可以得出可再生能源发电激励的政策启示。如果没有实施组合政策，而采用独立的政策，往往会加大对发电厂商和电网的补贴，以刺激早期的可再生能源发电发展。一般来说，在大多数可再生能源配额和绿色证书交易机制尚未实施的国家或地区，补贴是相当高的。本章的研究表明，在大多数国家可再生能源和化石能源电力的发电成本几乎相同的情况下，组合政策或独立的可再生能源配额政策只对发电厂商和电网有利，而对用户不利。此外，当可再生能源发电成本水平降低到低于化石能源发电成本水平时，独立的可再生能源配额更适合作为激励政策，因为补贴已经失去意义。

第 5 章 太阳能发电项目招标策略研究

太阳能光伏发电采购是执行政府预算的一种重要方式，它极易受到合谋的影响[112]。在世界各国的太阳能光伏电站项目采购中，投标合谋现象普遍存在。韩国《中央日报》于 2022 年 9 月 14 日报道，在 2616 亿韩元的可疑资金中，2108 亿韩元 (80.5%) 与太阳能发电项目有关 [113]。值得注意的是，塞尔维亚 61% 的光伏项目 [114] 受到合谋的阻碍。大约 28% 的印度光伏项目在签约阶段就存在合谋问题 [115]。对光伏的公共补贴增加导致意大利 76 个省的合谋活动增加 [116]。人们还担心，孟加拉国 [117]、摩洛哥 [118]、坦桑尼亚 [119] 和撒哈拉以南非洲 [120] 的大型光伏项目容易受到合谋的影响。

合谋有两种类型：纵向合谋和横向合谋。纵向合谋行为是指直接或间接地提供、给予、接受或索取任何东西以不正当地影响另一方的行为 [121]。如果采购商，如买方，可以直接从光伏供应商那里采购，而不给负责采购的招标商留下任何余地，合谋就永远不会成为一个问题 [60]。光伏采购的纵向合谋是指在光伏工程采购过程中，光伏投标商向招标商转移资金以最大化其收益的一种结算方式。另一种普遍存在的合谋形式是串通投标，即横向合谋。当一部分或全部投标商串通操纵投标，以期在采购中获得更高的价格 [122] 时，就会出现这种情况。

光伏采购的合谋实际上是纵向的。其原因如下：第一，光伏采购目前处于一个标准竞争市场中，因为光伏企业的发电成本同步下降且几乎相互接近 [123]，并且光伏发电补贴退坡 [124-126]。这限制了光伏投标商的利润，因此，获胜者无力支付联盟成员的薪酬。例如，光伏公司向采购商支付纵向合谋 1 元；或向联盟内的 10 个竞标者支付横向合谋 1 元，为此竞标者将花费 10 元，并获得相同的获胜结果。如果投标商能保证足够的利润，他将采取纵向合谋和横向合谋；否则，他宁愿采用价格更便宜的那个策略。第二，招标的公开性使得串通投标成为不可能。值得注意的是，光伏采购是一种对外国潜在承包商开放的招标方式。当一家公司来自一个外国公务员合谋受到严厉惩罚的国家时，如在美国 [127]，情况就是如此。出于这两个原因，光伏投标商之间的串通投标几乎不可持续。

本章主要研究光伏采购中的合谋问题。第一，本章详细阐述了最低价 (first price, FP) 中标，即一个只考虑价格的一维场景。在这里，本章研究排除了在外部监督下不可持续的价格操纵行为 [60]。第二，本章研究最高分中标同时考虑质量和价格的二维情况。这是因为光伏发电机的质量特性，如操作和维护、模块和面板、电压稳定性[128-130] 等，这些对采购商至关重要。负责评估投标的招标商可以通过操纵质量评估来偏袒投标商[58-60]。评标机制探索多维采购的实施和最优机制的属性[131-135]，是一个普遍的投标评估工具。

本章研究在许多方面都是具有创新性的。首先，为了抑制合谋，本章考虑隐藏信息并设计机制来筛选竞标者持有的不对称信息。这与之前一些关于合谋的研究将一般均衡作为关注点是不同的。本章的研究利用显示原理，引入激励相容约束和个体理性约束，求解贝叶斯纳什均衡问题。其次，本章研究发现在即将到来的市场条件下，最高分策略在改善社会福利方面表现良好。

本章的研究采用贝叶斯纳什均衡作为研究手段，采用显示原理作为解决这一问题的方法，原因如下。首先，纳什均衡解决的是博弈问题，一般均衡解决的是优化问题。纳什均衡中的博弈问题是在两个参与人都有策略选择的情况下推导出一个均衡。纳什均衡中的目标函数，用参与者的最优效用来表达，需要一个隐含变量来衔接双方参与者的效用函数。这就是纳什均衡和一般均衡的关键区别。纳什均衡反映了光伏电力用户和光伏发电供应商的最优化。这个问题也是一个贝叶斯问题，因为离散优化考虑了两个随机选择的参与者。其次，本章的研究采用显示原理求解贝叶斯纳什均衡，使光伏投标商显示真正的类型。这样，光伏投标商才能得到最大的效用。为此，本章增加了激励相容约束，使光伏投标商说实话；增加了个体理性约束，确保光伏投标商参与到博弈中来。

本章主要研究反腐措施对光伏采购的影响。研究背后的动机是双重的。首先，随着光伏合谋的增加，光伏采购对反腐措施的要求更高。其次，最低价中标潜在的次优性已逐渐显现[136-137]。因此，本章研究解决以下问题。

Q1: 在严格的反腐环境下，光伏采购最低价中标策略的优缺点是什么？

Q2: 监管者应该采用哪种策略，最低价还是最高分，来最大化社会福利？

5.1　　模　　　　型

5.1.1　假设与情景设置

该商业模式涉及三个参与者：光伏发电企业、用户和招标商。招标商领取报酬，并对项目招标负责。值得注意的是，光伏发电企业为了中标，与招标商进行了合谋。胜者向用户提供电力。图5-1展示了招标方案的概述。

这一模式比化石能源发电采购的模式更为复杂，因为光伏采购必须考虑正常的化石能源采购很少涉及的采购合谋问题。这主要是因为电网从燃煤发电中获取电力使用的是调度计划而不是招标。

假设 5.1　投标商 1 和投标商 2 是从所有光伏投标商中随机抽取的。令 $P_i(i = 1, 2)$ 表示它们公布的价格。p_h 和 p_l 分别为投标商 1 和投标商 2 的最高价和最低

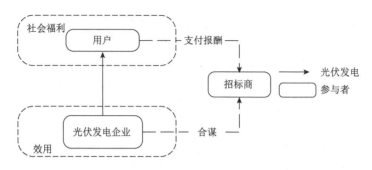

图 5-1　光伏采购项目的商业模式

价。设 $\alpha \triangleq \mathrm{Prob}(P_i = p_l)$，并设 $\Delta p = p_h - p_l$，其中 Δp 为正数。

假设 5.2　拍卖商选择光伏企业 i 的概率为 $x_i(P_1, P_2) \in [0, 1]$，其中 $x_1 + x_2 \equiv 1$。税率和从中标者到拍卖商的内部收益转移用 λ 和 λ_f 表示。如果征收 1 个单位的税金，会给纳税人带来财务负担 $\dfrac{1}{1-\lambda}$。一个单位的名义内部收益转移将导致 $\dfrac{1}{1+\lambda_f}$ 的实际内部收益转移。

假设 5.3　光伏企业 i 的成本 C_i 定义为 $C_i(P_1, P_2) = P_i \quad c_i(P_1, P_2)$，其中 c_i 为光伏企业 i 从合谋中获得的收益。$U_i(p_j) = t_i - x_i(P_1, P_2)\psi\left(c_i(P_1, P_2)\right)$ 表示价格类型为 j 的企业 i 的期望效用。$U_i(p_j)$ 是通过净转移 t_i 和合谋负效应 $\psi(c_i)$ 的差异实现的，其概率分别为 $x_i(P_1, P_2)$, $i = 1, 2$, $j = h, l$。光伏公司的利润来自两个部分：一个是 i 的合谋收益 $c_i(P_1, P_2)$，另一个是 i 的效用 $U_i(p_j)$。

C_i 和 c_i 是与公布价格 P_i 相关的内生变量。c_i 取决于竞标者的价格 P_1 和 P_2。以最低价中标为例。两家光伏公司的成本相同 $C_i(P_1, P_2) = 350$ 元/兆瓦时，公布的价格不同，$P_1 = 420$ 元/兆瓦时和 $P_2 = 462$ 元/兆瓦时。在这里，投标商 1 是获胜者，$c_1(P_1, P_2) = 70$ 元/兆瓦时。如果 $P_2 = 378$ 元/兆瓦时，则投标商 2 获胜，投标商 1 不获得合谋收益，$c_1(P_1, P_2) = 0$ 元/兆瓦时。因此，投标商 1 从合谋中获得的利益在两个投标商的价格上发生了变化。对于最高分中标的情况也是如此。给光伏企业的净转移支付 t_i 来自免费土地、实施项目获得的商誉以及项目扣除成本后的盈余。风险厌恶的光伏发电企业具有合谋负效用的数值表达式，即 $\psi(c_i)$，它满足 $\psi' \geqslant 0$ 和 $\psi'' \geqslant 0$。这些凸条件符合 [13,25,138] 的假设。

本章研究探讨分析模型在以下不同场景中的变化。最低价 (FP) 中标是一个相当严格的方案，排除高价中标，导致 $x_1^{\mathrm{FP}}(p_h, P_2) = x_2^{\mathrm{FP}}(P_1, p_h) = 0$。最高分 (first score, FS) 中标是一个多维方案，其中价格和质量是同等重要的。本章研究使用的变量和参数定义见表5-1。

表 5-1 术语表

	参数与变量	注释
参数	Q_i	光伏发电企业 i 的质量 (元/兆瓦时)
	R	招标商获得的报酬 (元/兆瓦时)
	P_i	光伏发电企业 i 的价格 (元/兆瓦时) $(i = 1, 2)$
	p_j	价格的类型 j (元/兆瓦时) $(j = h, l)$
	λ	税率
	p	$P_i = p_l$ 的概率 (无量纲)$(i = 1, 2)$
	k	合谋负效用率 (无量纲)
	δ	信息状态的概率 (无量纲)
	λ_f	投标商向招标商内部转移的成本率
变量	$C_i(P_1, P_2)$	光伏发电企业 i 的成本 (元/兆瓦时)$(i = 1, 2)$
	$x_i(P_1, P_2)$	招标商选择发电企业 i 中标的概率 (无量纲)$(i = 1, 2)$
	$c_i(P_1, P_2)$	光伏发电企业 i 的合谋收益 (元/兆瓦时)$(i = 1, 2)$
	$\psi(c_i(P_1, P_2))$	光伏发电企业 i 的合谋负效用 (元/兆瓦时)$(i = 1, 2)$
	$t_i(P_1, P_2)$	光伏发电企业得到的净转移支付 i (元/兆瓦时)$(i = 1, 2)$
	$U_i(p_j)$	价格类型 j 的光伏发电企业 i 的效用 (元/兆瓦时)$(i = 1, 2; j = h, l)$
	R_{s_1}, R_{s_2}	信息状态 1 和信息状态 2 时招标商的报酬 (元/兆瓦时)
	S	社会福利 (元/兆瓦时)

5.1.2 模型

模型的目标是最大化社会福利 S，定义为用户的支付意愿 (即质量)Q 与实际支付之间的差值。根据许多经典研究 [82,139]，实际支付适用于成本补偿原则：用户以概率 x_i 对冲成本 C_i，并将净转移 t_i 支付给获胜的光伏发电企业。本章允许招标商和用户之间的互动：招标商代表用户组织竞标，用户将 R 作为报酬转移给招标商。因此，社会福利 S 可以表示为

$$S(Q, P) = Q - \frac{1}{1-\lambda} \{\mathbb{E}_{P_i}[x_i(P_1, P_2)C_i(P_1, P_2) + t_i(P_1, P_2)] + R\} \quad (5\text{-}1)$$

其中，$\mathbb{E}_{P_i}[\cdot]$ 表示 P_1 和 P_2 分别取 p_h 或 p_l 值时的期望。将 $C_i(P_1, P_2)$ 和 $t_i(P_1, P_2)$ 替换为其等价的 $P_i - c_i(P_1, P_2)$ 和 $U_i(p_j) + x_i(P_1, P_2)\psi(c_i(P_1, P_2))$，则社会福利表达式如式 (5-2) 所示：

$$\begin{aligned} S(Q, P) = Q - \frac{1}{1-\lambda} \{ & \mathbb{E}_{P_i}[x_i(P_1, P_2)(P_i - c_i(P_1, P_2) + \psi(c_i(P_1, P_2)))] \\ & + \mathbb{E}_{p_j}[U_i(p_j)] + R\} \end{aligned} \quad (5\text{-}2)$$

为了揭示太阳能光伏发电企业的效用 $U_i(p_j)$，$i = 1, 2; j = h, l$，模型设计的监管方案通过让它们显示真实水平来获得各自的最大效用值。原因如下：第一，为

了赢得竞标，一个投标商宣布的私人价格 p_j 会低于其真实的生产效率类型。然而，这种行为使投标商面临延迟完成项目的危险。第二，竞标者也可以提出更高的价格，这可能导致它失去合同。因此，竞标者必须提供它们的真实价格。在这个情境下，太阳能光伏发电企业没有纵向联盟的动机。于是，显示真实水平就是太阳能光伏发电采购招标的严格规定。模型从监管机构的角度将太阳能光伏发电价格视为光伏发电企业的不对称信息。

为了诱导竞标者报出真实价格，下文在讨论的场景中采用了显示原理 [85] 来甄别这种不对称信息，并在引理5.1中得出了一些重要的发现。

引理 5.1   高报价企业的效用只固定在留存收益上，即 $U_1(p_h) = U_2(p_h) = 0$。低报价企业获得 $U_1(p_l) = \mathbb{E}_{P_2}[x_1(p_h, P_2)\Phi(c_1(p_h, P_2))]$, $U_2(p_l) = \mathbb{E}_{P_1}[x_2(P_1, p_h)$ $\Phi(c_2(P_1, p_h))]$ 的期望效用，其中 $\Phi(c) = \psi(c) - \psi(c - \Delta p)$。

引理5.1引出

$$U_1(p_l) = \alpha x_1(p_h, p_l)\Phi(c_1(p_h, p_l)) + (1-\alpha)x_1(p_h, p_h)\Phi(c_1(p_h, p_h))$$

和

$$U_2(p_l) = \alpha x_2(p_l, p_h)\Phi(c_2(p_l, p_h)) + (1-\alpha)x_2(p_h, p_h)\Phi(c_2(p_h, p_h))$$

根据引理5.1，得到

$$\mathbb{E}_{p_j}[U_1(p_j)] = \alpha U_1(p_l) + (1-\alpha)U_1(p_h) = \alpha U_1(p_l)$$

和

$$\mathbb{E}_{p_j}[U_2(p_j)] = \alpha U_2(p_l) + (1-\alpha)U_2(p_h) = \alpha U_2(p_l)$$

证明： $U_i(p_l)$ 的激励相容约束引出

$$\begin{aligned} U_1(p_l) = \ & \mathbb{E}_{P_2}[t_1(p_l, P_2) - x_1(p_l, P_2)\psi(p_l - C_1(p_l, P_2))] \geqslant \\ & \mathbb{E}_{P_2}[t_1(p_h, P_2) - x_1(p_h, P_2)\psi(p_l - C_1(p_h, P_2))] \end{aligned} \qquad (5\text{-}3)$$

此时投标商 1 的报价是 p_l，以及

$$\begin{aligned} U_2(p_l) = \ & \mathbb{E}_{P_1}[t_2(P_1, p_l) - x_2(P_1, p_l)\psi(p_l - C_2(P_1, p_l))] \geqslant \\ & \mathbb{E}_{P_1}[t_2(P_1, p_h) - x_2(P_1, p_h)\psi(p_l - C_2(P_1, p_h))] \end{aligned} \qquad (5\text{-}4)$$

此时投标商 2 的报价是 p_l。当投标商 1 或投标商 2 的类型为 p_h 时，个体理性约束要求每个太阳能光伏发电企业的期望效用等于或大于 0，即

$$U_1(p_h) = \mathbb{E}_{P_2}[t_1(p_h, P_2) - x_1(p_h, P_2)\psi(p_h - C_1(p_h, P_2))] \geqslant 0 \qquad (5\text{-}5a)$$

$$U_2(p_h) = \mathbb{E}_{P_1}[t_2(P_1, p_h) - x_2(P_1, p_h)\psi(p_h - C_2(P_1, p_h))] \geqslant 0 \qquad (5\text{-}5b)$$

其次，下文在 (1) 中证明了高报价企业只得到保留效用，即 $U_i(p_h) = 0$，并

在 (2) 中推导出 $U_i(p_l)$ 的可选激励相容约束。

(1) 社会福利 [式 (5-2)] 的最大化要求 $U_i(p_j)$ 取其下边界的值。因此，约束 (5-3)、约束 (5-4)、约束 (5-5a) 和约束 (5-5b) 是具有约束力的紧约束。约束 (5-5a) 和约束 (5-5b) 表示高报价企业只获得保留效用，即

$$U_1(p_h) = 0, \quad U_2(p_h) = 0 \qquad (5\text{-}6)$$

(2) $U_1(p_l)$[式 (5-3)] 可以转化为

$$U_1(p_l) = \mathbb{E}_{P_2}\left[\underbrace{t_1(p_h, P_2) - x_1(p_h, P_2)\psi(p_l - C_1(p_h, P_2))}_{\text{the right hand side of (5-3)}}\right] \qquad (5\text{-}7)$$

$$= \mathbb{E}_{P_2}\left[\underbrace{x_1(p_h, P_2)\psi(p_h - C_1(p_h, P_2))}_{\text{the left hand side of (5-5a)}} - x_1(p_h, P_2)\psi(p_l - C_1(p_h, P_2))\right]$$

$$= \mathbb{E}_{P_2}\left[x_1(p_h, P_2)\left(\psi(p_h - C_1(p_h, P_2)) - \psi(p_l - C_1(p_h, P_2))\right)\right]$$

$$= \mathbb{E}_{P_2}\left[x_1(p_h, P_2)\left(\psi(c_1(p_h, P_2)) - \psi(c_1(p_h, P_2) - \Delta p)\right)\right]$$

$$= \mathbb{E}_{P_2}\left[x_1(p_h, P_2)\varPhi(c_1(p_h, P_2))\right]$$

其中，$\varPhi(c) = \psi(c) - \psi(c - \Delta p)$，$\varPhi(c_1(p_h, P_2)) = \psi(c_1(p_h, P_2)) - \psi(c_1(p_h, P_2) - \Delta p)$。类似地可以得到，$U_2(p_l)$ 有如下的期望值 $\mathbb{E}_{P_1}[x_2(P_1, p_h)\varPhi(c_2(P_1, p_h))]$。

5.1.3 最低价法的优化模型

最低价概念的本质如下。第一，报价高的太阳能光伏发电企业不会获得合同。第二，Q 是恒定的，因为质量被认为是同质的，只有价格才是影响招标的重要因素。第三，价格操纵不会发生，因为外部监督限制了这种行为[60]。第四，太阳能光伏发电企业有纵向联盟的动机，因为它不确定自己是否是低报价企业。最低价采购的时间表如图5-2所示。监管机构提出了最低价竞价规则。招标商在外部监督下不与太阳能光伏发电企业纵向联盟。此外，太阳能光伏发电企业提交它们的价格投标，而获胜者从纵向联盟中获益，并将其中一部分作为交换转移给招标商。

模型（5-8a）～模型（5-8f）描述了以下特性。模型（5-8a）决定了太阳能光伏发电企业 i 的获胜概率和纵向联盟收益，其中 $S(P) = Q - \dfrac{1}{1-\lambda}\left\{\mathbb{E}_{P_i}[x_1(P_1, P_2)(P_1 - c_1(P_1, P_2) + \psi(c_1(P_1, P_2)))] + \mathbb{E}_{p_j}[U_1(p_j)]\right\} - \dfrac{1}{1-\lambda}\left\{\mathbb{E}_{P_i}[x_2(P_1, P_2)(P_2 - c_2(P_1, P_2) + \psi(c_2(P_1, P_2)))] + \mathbb{E}_{p_j}[U_2(p_j)]\right\} - \dfrac{R}{1-\lambda}$，$j = h, l$。约束 IC_1 和约束 IC_2 决定了 i 的效用。约束 IR_1 会因为 $x_i(P_1, P_2) \geqslant 0$、$\varPhi(c) = \psi(c) - \psi(c - \Delta p)$

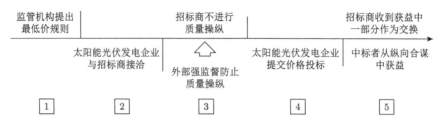

图 5-2　最低价法的时间表

和 $\psi' \geqslant 0$ 而自然满足。式 (5-8f) 排除了高报价。命题5.1总结了模型的结论。

$$\max_{x_i^{\mathrm{FP}}(\cdot,\cdot),\, c_i^{\mathrm{FP}}(\cdot,\cdot)} S^{\mathrm{FP}} = S(P) \tag{5-8a}$$

$$\text{s.t.}\begin{cases} U_1(p_l) = \mathbb{E}_{P_2}\left[x_1(p_h, P_2)\varPhi\left(c_1(p_h, P_2)\right)\right] : (\mathrm{IC}_1) & (5\text{-}8\mathrm{b}) \\[2mm] U_2(p_l) = \mathbb{E}_{P_1}\left[x_2(P_1, p_h)\varPhi\left(c_2(P_1, p_h)\right)\right] : (\mathrm{IC}_2) & (5\text{-}8\mathrm{c}) \\[2mm] U_i(p_j) \geqslant 0 : (\mathrm{IR}_1),\ i=1,2;\ j=h,l & (5\text{-}8\mathrm{d}) \\[2mm] \displaystyle\sum_{i=1,2} x_i(P_1, P_2) = 1, x_i(P_1, P_2) \in [0,1] & (5\text{-}8\mathrm{e}) \\[2mm] x_1(p_h, P_2) = x_2(P_1, p_h) = 0 & (5\text{-}8\mathrm{f}) \end{cases}$$

命题 5.1　最低价策略使赢家受益于纵向联盟 c^* 或 $\tilde{c}$，其中 $\psi'(c^*) = 1$，$\psi'(\tilde{c}) = 1 - \dfrac{\alpha}{1-\alpha}\varPhi'(\tilde{c})$，$\varPhi(c) = \psi(c) - \psi(c - \Delta p)$；最低价法使低报价光伏企业获得效用 $U_1(p_l) = \dfrac{1}{2}(1-\alpha)\varPhi(c_1(p_h, p_h))$ 和 $U_2(p_l) = \dfrac{1}{2}(1-\alpha)\varPhi(c_2(p_h, p_h))$，只给高报价光伏企业保留了效用 $U_i^{\mathrm{FP}}(p_h) = 0$。

命题5.1表明两家公司都可以从最低价策略中的纵向联盟中获益。从中可以得出，中标者从纵向联盟中获得的收益 $c_i^{\mathrm{FP}}(P_1, P_2)$ 等于 c^* 或 $\tilde{c}$，而未中标者得到的收益是 0。最低价法使高报价的太阳能光伏发电企业获得保留收益，即 $U_1^{\mathrm{FP}}(p_h) = U_2^{\mathrm{FP}}(p_h) = 0$。

证明：式 (5-9) 给出了最低价情景的目标函数，即相对于 $x_i^{\mathrm{FP}}(\cdot), c_i^{\mathrm{FP}}(\cdot)$ 最大化 S^{FP}。

$$\begin{aligned} \max_{x_i^{\mathrm{FP}}(\cdot),\, c_i^{\mathrm{FP}}(\cdot)} S^{\mathrm{FP}} =&\, Q - \frac{1}{1-\lambda}\mathbb{E}_{P_i}\left[x_1(P_1, P_2)\left(P_1 - c_1(P_1, P_2) + \psi(c_1(P_1, P_2))\right)\right. \\ &+ \left.\mathbb{E}_{p_j}[U_1(p_j)]\right] - \frac{1}{1-\lambda}\mathbb{E}_{P_i}\left[x_2(P_1, P_2)\left(P_2 - c_2(P_1, P_2)\right.\right. \\ &\left.\left.+ \psi(c_2(P_1, P_2))\right) + \mathbb{E}_{p_j}[U_2(p_j)]\right] - \frac{R}{1-\lambda} \end{aligned} \tag{5-9}$$

其中，$\mathbb{E}_{p_j}[U_1(p_j)] = \alpha U_1(p_l)$ 和 $\mathbb{E}_{p_j}[U_2(p_j)] = \alpha U_2(p_l)$。由于常数项 $-\dfrac{R}{1-\lambda}$ 对导数

没有影响，忽略常数项对结果没有影响。基于 $U_1(p_l) = \alpha x_1(p_h, p_l)\Phi(c_1(p_h, p_l)) + (1 - \alpha)x_1(p_h, p_h)\Phi(c_1(p_h, p_h))$ 和 $U_2(p_l) = \alpha x_2(p_l, p_h)\Phi(c_2(p_l, p_h)) + (1 - \alpha)x_2(p_h, p_h)\Phi(c_2(p_h, p_h))$，预期社会福利 S^{FP} 可以表示为式 (5-10)。

$$
\begin{aligned}
\max \Bigg\{ & \alpha^2 \left[Q - (\frac{1}{1-\lambda})[p_l - c_1(p_l, p_l) + \psi(c_1(p_l, p_l))] \right] x_1(p_l, p_l) \\
& + \alpha^2 \left[Q - (\frac{1}{1-\lambda})[p_l - c_2(p_l, p_l) + \psi(c_2(p_l, p_l))] \right] x_2(p_l, p_l) \\
& + \alpha(1-\alpha) \left[Q - (\frac{1}{1-\lambda})[p_l - c_1(p_l, p_h) + \psi(c_1(p_l, p_h))] \right] x_1(p_l, p_h) \\
& + \alpha(1-\alpha) \Bigg[Q - (\frac{1}{1-\lambda}) \Big[p_h - c_2(p_l, p_h) + \psi(c_2(p_l, p_h)) \\
& + \frac{\alpha}{1-\alpha}\Phi(c_2(p_l, p_h)) \Big] \Bigg] x_2(p_l, p_h) + \alpha(1-\alpha) \Bigg[Q - (\frac{1}{1-\lambda}) \Big[p_h - c_1(p_h, p_l) \\
& + \psi(c_1(p_h, p_l)) + \frac{\alpha}{1-\alpha}\Phi(c_1(p_h, p_l)) \Big] \Bigg] x_1(p_h, p_l) \\
& + \alpha(1-\alpha) \left[Q - (\frac{1}{1-\lambda})[p_l - c_2(p_h, p_l) + \psi(c_2(p_h, p_l))] \right] x_2(p_h, p_l) \\
& + (1-\alpha)^2 \Bigg[Q - (\frac{1}{1-\lambda}) \Big[p_h - c_1(p_h, p_h) + \psi(c_1(p_h, p_h)) \\
& + \frac{\alpha}{1-\alpha}\Phi(c_1(p_h, p_h)) \Big] \Bigg] x_1(p_h, p_h) \\
& + (1-\alpha)^2 \Bigg[Q - (\frac{1}{1-\lambda}) \Big[p_h - c_2(p_h, p_h) + \psi(c_2(p_h, p_h)) \\
& + \frac{\alpha}{1-\alpha}\Phi(c_2(p_h, p_h)) \Big] \Bigg] x_2(p_h, p_h) \Bigg\} \qquad (5\text{-}10)
\end{aligned}
$$

最大化要求将方括号中的每个部分都最大化。对第一项求导数，得到 $c_1(p_l, p_l) = c_2(p_l, p_l) = c^*$，其中 $\psi'(c^*) = 1$，因为它有一个二阶导数，$-\frac{1}{1-\lambda}\psi'' < 0$。第三和第四项的分析得到 $c_1(p_l, p_h) = c^*$，$c_2(p_l, p_h) = \tilde{c}$，其中 $\psi'(\tilde{c}) = 1 - \frac{\alpha}{1-\alpha}\Phi'(\tilde{c})$。$\tilde{c} < c^*$，因为 $\Phi' > 0$。第五至第八项的结果可以通过以上方式获得：$c_1(p_h, p_l) = c_1(p_h, p_h) = c_2(p_h, p_h) = \tilde{c}$，$c_2(p_h, p_l) = c^*$。

$x_1(p_l, p_h) = x_2(p_h, p_l) = 1$，因为最低价情景排除了高报价公司。前两项彼此相等，这导致 $x_1(p_l, p_l) = x_2(p_l, p_l) = \frac{1}{2}$。将 $c_1(p_h, p_h)$ 和 $c_2(p_h, p_h)$ 替换为 $\tilde{c}$ 和 $\tilde{c}$，发现第七项和第八项的方括号之差为零。这导出 $x_1(p_h, p_h) = x_2(p_h, p_h) = \frac{1}{2}$。于是，$U_1(p_l) = \mathbb{E}_{P_2}[x_1(p_h, P_2)\Phi(c_1(p_h, P_2))] = \alpha \underbrace{x_1(p_h, p_l)}_{=0}\Phi(c_1(p_h, p_l)) + (1 -$

$\alpha)\underbrace{x_1(p_h,p_h)}_{=\frac{1}{2}}\Phi(c_1(p_h,p_h))=\frac{1}{2}(1-\alpha)\Phi(c_1(p_h,p_h))$ 以及 $U_2(p_l)=\mathbb{E}_{P_1}[x_2(P_1,p_h)\Phi$

$(c_2(P_1,p_h))]=\alpha\underbrace{x_2(p_l,p_h)}_{=0}\Phi(c_2(p_l,p_h))+(1-\alpha)\underbrace{x_2(p_h,p_h)}_{=\frac{1}{2}}\Phi(c_2(p_h,p_h))=\frac{1}{2}(1-$

$\alpha)\Phi(c_2(p_h,p_h))$。

引理5.1的证明 (1) 在式 (5-6) 中表明 $U_1(p_h)=0$ 和 $U_2(p_h)=0$。这些表明高报价公司在最低价情景中只得到保留效用。表5-2列出了最低价情景 $c_i^{\mathrm{FP}}(P_1,P_2)$ 和 $x_i^{\mathrm{FP}}(P_1,P_2)$ 的解。

表 5-2 最低价情景 $c_i^{\mathrm{FP}}(P_1,P_2)$ 和 $x_i^{\mathrm{FP}}(P_1,P_2)$ 的解

	$c_1^{\mathrm{FP}}(p_l,p_l)$	$c_2^{\mathrm{FP}}(p_l,p_l)$	$c_1^{\mathrm{FP}}(p_l,p_h)$	$c_2^{\mathrm{FP}}(p_h,p_l)$	$c_1^{\mathrm{FP}}(p_h,p_h)$	$c_2^{\mathrm{FP}}(p_h,p_h)$
$x_1^{\mathrm{FP}}(p_l,p_l)=\frac{1}{2}$	c^*	c^*				
$x_1^{\mathrm{FP}}(p_l,p_h)=1$			c^*			
$x_2^{\mathrm{FP}}(p_h,p_l)=1$				c^*		
$x_1^{\mathrm{FP}}(p_h,p_h)=\frac{1}{2}$					$\tilde{c}$	$\tilde{c}$

5.1.4 综合评分法

综合评分法的性质描述如下。第一，提供高报价和低报价的太阳能光伏发电企业都可以获得合同。第二，Q 是一个变量，因为质量被认为是异质的，质量和价格同样是重要的影响因素。第三，存在质量操纵。防止联盟的措施下面会有介绍。第四，当太阳能光伏发电企业质量低下或不确定自己是否是低报价企业时，就会有动机结成联盟。综合评分采购的时间表如图5-3所示，时间表中的项目 1、项目 3 和项目 4 与图5-2有所不同。监管机构提出综合评分竞价规则，光伏企业与招标商接洽。招标商在外部监督下进行质量操纵。此外，光伏企业提交质量和价格投标。中标者从纵向联盟中获益，并将一部分作为交换转移给招标商。

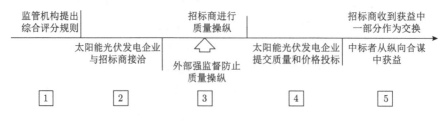

图 5-3 综合评分法的时间表

1. 质量操纵的预防机制

招标商进行质量操纵。假设招标商处在以下状态之一：$s_1(Q_1^{s_1}=Q_h,Q_2^{s_1}=$

Q_l), $s_2(Q_1^{s_2} = Q_l, Q_2^{s_2} = Q_h)$, 或 $s_0(Q_1^{s_0} = Q_2^{s_0} = \dfrac{Q_h + Q_l}{2})$, 其中 Q_h 和 Q_l 分别是质量的上下边界, $\Delta Q \triangleq Q_h - Q_l$。招标商在 s_1 或 s_2 中是诚实的, 获得收入 R_{s_1} 或 R_{s_2}。状态 s_0 表示招标商操纵了受青睐的光伏公司的质量, 获得 0 作为留存收益, 而 R_{s_1} 或 R_{s_2} 作为机会损失。例如, 招标商倾向于出价者 1, 因为他持有较低的质量。招标商将两个投标商的质量都修改为 $\dfrac{Q_h + Q_l}{2}$。因此, 投标商 1 与投标商 2 具有相同的质量水平。

模型设计了一个防止质量操纵的机制。企业通过质量操纵获得的利润为 $\dfrac{1}{1 + \lambda_f}[U_2^{s_0}(p_l) - U_2^{s_1}(p_l)]$ 或 $\dfrac{1}{1 + \lambda_f}[U_1^{s_0}(p_l) - U_1^{s_2}(p_l)]$, 其中 λ_f 表示向招标商秘密转移支付的成本。这正是太阳能光伏发电企业结成联盟可能转移的最大金额。如果招标商的损失 R_{s_1} 或 R_{s_2} 超过光伏企业的收益, 则该联盟不存在。这是适用于综合评分采购的防止质量操纵的措施。

2. 评分规则

为了与最低价情景一致, 定义 $S(Q, P) - \dfrac{\alpha}{1 - \lambda}(R_{s_1} + R_{s_2})$ 为评分规则,

$$S(Q, P) = \mathbb{E}_{P_i}\left[x_1(P_1, P_2)\left(Q_1 - \frac{1}{1 - \lambda}(P_1 - c_1(P_1, P_2) + \psi(c_1(P_1, P_2)))\right)\right] \tag{5-11}$$

$$- \frac{1}{1 - \lambda}\mathbb{E}_{p_j}[U_1(p_j)] + \mathbb{E}_{P_i}\left[x_2(P_1, P_2)\left(Q_2 - \frac{1}{1 - \lambda}(P_2 - c_2(P_1, P_2)\right.\right.$$

$$\left.\left. + \psi(c_2(P_1, P_2)))\right)\right] - \frac{1}{1 - \lambda}\mathbb{E}_{p_j}[U_2(p_j)] - \frac{R}{1 - \lambda}$$

其中, $\dfrac{\alpha}{1 - \lambda}(R_{s_1} + R_{s_2})$ 为向未进行质量操纵的招标商支付的报酬, $j = h, l$。方程 (5-12a) 优化社会福利, IC_1 和 IC_2 最大化企业效用, IR_1 确保企业参与。方程 (5-12e) 和方程 (5-12f) 分别给出了防止质量操纵的 IC_3 和 IC_4 约束。

$$\max_{x_i^{FS}(\cdot, \cdot), c_i^{FS}(\cdot, \cdot)} S(Q, P) - \frac{\alpha}{1 - \lambda}(R_{s_1} + R_{s_2}) \tag{5-12a}$$

$$\text{s.t.}\begin{cases} U_1(p_l) = \mathbb{E}_{P_2}[x_1(p_h, P_2)\Phi(c_1(p_h, P_2))] : (\text{IC}_1) & (5\text{-}12\text{b}) \\[2mm] U_2(p_l) = \mathbb{E}_{P_1}[x_2(P_1, p_h)\Phi(c_2(P_1, p_h))] : (\text{IC}_2) & (5\text{-}12\text{c}) \\[2mm] U_i(p_j) \geqslant 0 : (\text{IR}_1), \ i = 1, 2; \ j = h, l & (5\text{-}12\text{d}) \\[2mm] R_{s_1} \geqslant \dfrac{1}{1 + \lambda_f}[U_2^{s_0}(p_l) - U_2^{s_1}(p_l)] : (\text{IC}_3) & (5\text{-}12\text{e}) \\[2mm] R_{s_2} \geqslant \dfrac{1}{1 + \lambda_f}[U_1^{s_0}(p_l) - U_1^{s_2}(p_l)] : (\text{IC}_4) & (5\text{-}12\text{f}) \\[2mm] \displaystyle\sum_{i=1}^{2} x_i(P_1, P_2) = 1, x_i(P_1, P_2) \geqslant 0 & (5\text{-}12\text{g}) \end{cases}$$

其中 $S(Q,P) = \delta S_{s_1}(Q,P) + \delta S_{s_2}(Q,P) + (1-\delta)S_{s_0}(Q,P)$ 表示对所有三种信息状态下 $S(Q,P)$ 的期望。命题5.2提出了综合评分情景下纵向联盟收益的特征。

命题 5.2 在综合评分情景下，当获胜企业是低价企业时，其合谋所带来的收益固定在 c^* 的最高水平；在 s_1 和 s_2 下，高价竞标者的收益分别下降到 $\check{c}$ 和 $\hat{c}$；高价企业在状态 s_0 时获得利益 $\check{c}$。c^*、$\check{c}$、$\hat{c}$、$\check{c}$ 分别是 $\psi'(c) = 1$、$\psi'(\check{c}) = 1 - \dfrac{\alpha}{1-\alpha}\Phi'(\check{c})$、$\psi'(\hat{c}) = 1 - \dfrac{\alpha\lambda_f}{(1-\alpha)(1+\lambda_f)}\Phi'(\hat{c})$、$\psi'(\check{c}) = 1 - \dfrac{\alpha(2+\lambda_f)}{(1+\lambda_f)(1-\alpha)}\Phi'(\hat{c})$ 的解。

值得注意的是，高价和低价企业都可以在光伏采购的综合评分法中中标。这是综合评分法与最低价中标法的主要区别。本章研究观察到，低价竞标者从合谋中获得的利益最高。高价竞标者从合谋中获得的利益低于低价竞标者。

证明：

$$
\begin{aligned}
S(Q,P) - \frac{\alpha}{1-\lambda}(R_{s_1} + R_{s_2}) = {} & \mathbb{E}_{P_i}\Big[x_1(P_1, P_2)\Big(Q_1 - \frac{1}{1-\lambda}(P_1 - c_1(P_1, P_2) \\
& + \psi(c_1(P_1, P_2)))\Big)\Big] - \frac{1}{1-\lambda}\mathbb{E}_{p_j}[U_1(p_j)] \\
& + \mathbb{E}_{P_i}\Big[x_2(P_1, P_2)\Big(Q_2 - \frac{1}{1-\lambda}(P_2 - c_2(P_1, P_2) \\
& + \psi(c_2(P_1, P_2)))\Big)\Big] - \frac{1}{1-\lambda}\mathbb{E}_{p_j}[U_2(p_j)] \\
& - \frac{R}{1-\lambda} - \frac{\alpha}{1-\lambda}(R_{s_1} + R_{s_2}) \qquad (5\text{-}13)
\end{aligned}
$$

公式 (5-13) 是目标函数，其中

$$\mathbb{E}_{p_j}[U_1(p_j)] = \alpha U_1(p_l)$$

$$\mathbb{E}_{p_j}[U_2(p_j)] = \alpha U_2(p_l)$$

$$U_1(p_l) = \alpha x_1(p_h, p_l)\Phi(c_1(p_h, p_l)) + (1-\alpha)x_1(p_h, p_h)\Phi(c_1(p_h, p_h))$$

$$U_2(p_l) = \alpha x_2(p_l, p_h)\Phi(c_2(p_l, p_h)) + (1-\alpha)x_2(p_h, p_h)\Phi(c_2(p_h, p_h))$$

因为当目标函数最大化时激励相容约束 (5-12e) 和约束 (5-12f) 是紧约束，所以本章用 $\dfrac{1}{1+\lambda_f}(U_2^{s_0}(p_l) - U_2^{s_1}(p_l))$ 和 $\dfrac{1}{1+\lambda_f}(U_1^{s_0}(p_l) - U_1^{s_2}(p_l))$ 替换公式 (5-12a) 的 R_{s_1} 和 R_{s_2}。本章省略不影响最优解的常数项 $-\dfrac{R}{1-\lambda}$。最优化表达式可以分解为三个独立的部分，可以分别求得公式 (5-12a) 在三种状态 s_1, s_2, s_0 下的最优解。本章用

$$U_1^{s_0}(p_l) = \alpha x_1^{s_0}(p_h, p_l)\Phi(c_1^{s_0}(p_h, p_l)) + (1-\alpha)x_1^{s_0}(p_h, p_h)\Phi(c_1^{s_0}(p_h, p_h))$$

和

$$U_2^{s_0}(p_l) = \alpha x_2^{s_0}(p_l, p_h)\Phi\left(c_2^{s_0}(p_l, p_h)\right) + (1-\alpha)x_2^{s_0}(p_h, p_h)\Phi\left(c_2^{s_0}(p_h, p_h)\right)$$

替换 $U_1^{s_0}(p_l)$ 和 $U_2^{s_0}(p_l)$

用

$$U_2^{s_1}(p_l) = \alpha x_2^{s_1}(p_l, p_h)\Phi\left(c_2^{s_1}(p_l, p_h)\right) + (1-\alpha)x_2^{s_1}(p_h, p_h)\Phi\left(c_2^{s_1}(p_h, p_h)\right)$$

和

$$U_1^{s_2}(p_l) = \alpha x_1^{s_2}(p_h, p_l)\Phi\left(c_1^{s_2}(p_h, p_l)\right) + (1-\alpha)x_1^{s_2}(p_h, p_h)\Phi\left(c_1^{s_2}(p_h, p_h)\right)$$

替换 $U_2^{s_1}(p_l)$ 和 $U_1^{s_2}(p_l)$。

$S(Q,P)$ 具有三种状态,$S_{s_1}(Q,P)$,$S_{s_2}(Q,P)$,$S_{s_0}(Q,P)$。目标函数 $S(Q,P) - \dfrac{\alpha}{1-\lambda}(R_{s_1}+R_{s_2})$ 的第一部分与 s_1 有关,可以表示为

$$
\begin{aligned}
\max\Bigg\{ &\alpha^2\left[Q_h - \frac{1}{1-\lambda}[p_l - c_1^{s_1}(p_l, p_l) + \psi(c_1^{s_1}(p_l, p_l))]\right]x_1^{s_1}(p_l, p_l) \\
&+ \alpha^2\left[Q_l - \frac{1}{1-\lambda}[p_l - c_2^{s_1}(p_l, p_l) + \psi(c_2^{s_1}(p_l, p_l))]\right]x_2^{s_1}(p_l, p_l) \\
&+ \alpha(1-\alpha)\left[Q_h - \frac{1}{1-\lambda}[p_h - c_1^{s_1}(p_h, p_l) + \psi(c_1^{s_1}(p_h, p_l)) + \frac{\alpha}{1-\alpha}\Phi(c_1^{s_1}(p_h, p_l))]\right] \\
&x_1^{s_1}(p_h, p_l) + \alpha(1-\alpha)\left[Q_l - \frac{1}{1-\lambda}[p_l - c_2^{s_1}(p_h, p_l) + \psi(c_2^{s_1}(p_h, p_l))]\right]x_2^{s_1}(p_h, p_l) \\
&+ \alpha(1-\alpha)\left[Q_h - \frac{1}{1-\lambda}[p_l - c_1^{s_1}(p_l, p_h) + \psi(c_1^{s_1}(p_l, p_h))]\right]x_1^{s_1}(p_l, p_h) \quad (5\text{-}14) \\
&+ \alpha(1-\alpha)\left[Q_l - \frac{1}{1-\lambda}[p_h - c_2^{s_1}(p_l, p_h) + \psi(c_2^{s_1}(p_l, p_h)) + \frac{\alpha\lambda_f}{(1-\alpha)(1+\lambda_f)}\right. \\
&\left.\Phi(c_2^{s_1}(p_l, p_h))]\right]x_2^{s_1}(p_l, p_h) + (1-\alpha)^2\left[Q_h - \frac{1}{1-\lambda}[p_h - c_1^{s_1}(p_h, p_h) + \psi(c_1^{s_1}(p_h, p_h))\right. \\
&+ \frac{\alpha}{1-\alpha}\Phi(c_1^{s_1}(p_h, p_h))]\Big]x_1^{s_1}(p_h, p_h) + (1-\alpha)^2\left[Q_l - \frac{1}{1-\lambda}[p_h - c_2^{s_1}(p_h, p_h)\right. \\
&+ \psi(c_2^{s_1}(p_h, p_h)) + \frac{\alpha\lambda_f}{(1-\alpha)(1+\lambda_f)}\Phi(c_2^{s_1}(p_h, p_h))]\Big]x_2^{s_1}(p_h, p_h)\Bigg\}
\end{aligned}
$$

本章研究比较含有 $x_i^{s_1}(P_1, P_2)$ 的项,然后对式 (5-14) 求关于 $c_i^{s_1}(P_1, P_2)$ 的最优解,得到以下结果:

$$c_1^{s_1}(p_l, p_l) = c_2^{s_1}(p_l, p_l) = c_2^{s_1}(p_h, p_l) = c_1^{s_1}(p_l, p_h) = c^*$$

，

$$c_1^{s_1}(p_h, p_l) = c_1^{s_1}(p_h, p_h) = \tilde{c}$$

$$c_2^{s_1}(p_l, p_h) = c_2^{s_1}(p_h, p_h) = \hat{c}$$

$$x_1^{s_1}(p_l, p_l) = 1$$

当 $\Delta Q > \dfrac{1}{1-\lambda}\left[-\Delta p + \hat{c} - c^* - \psi(\hat{c}) + \psi(c^*) - \dfrac{\alpha\lambda_f}{(1-\alpha)(1+\lambda_f)}\Phi(\hat{c})\right]$ 时，$x_1^{s_1} \times$ $(p_l, p_h) = 1$，当 $\Delta Q > \dfrac{1}{1-\lambda}(\Delta p - \tilde{c} + c^* + \psi(\tilde{c}) - \psi(c^*) + \dfrac{\alpha}{1-\alpha}\Phi(\tilde{c}))$ 时，$x_1^{s_1}(p_h, p_l) = 1$，当 $\Delta Q > \dfrac{1}{1-\lambda}(\hat{c} - \tilde{c} + \psi(\tilde{c}) - \psi(\hat{c}) + \dfrac{\alpha}{1-\alpha}\Phi(\tilde{c}) - \dfrac{\alpha\lambda_f}{(1-\alpha)(1+\lambda_f)}\Phi(\hat{c}))$ 时，$x_1^{s_1}(p_h, p_h) = 1$。

其中，$\tilde{c}$ 是 $\psi'(\tilde{c}) = 1 - \dfrac{\alpha}{1-\alpha}\Phi'(\tilde{c})$ 的解，$\hat{c}$ 是 $\psi'(\hat{c}) = 1 - \dfrac{\alpha\lambda_f}{(1-\alpha)(1+\lambda_f)}\Phi'(\hat{c})$ 的解。本书忽略不合理的结果，如 $c_2^{s_1}(p_l, p_l) = c^*$，$x_2^{s_1}(p_l, p_l) = 0$，得到精炼解 $c_i^{s_1}(P_1, P_2)$。同理，得到精炼解 $c_i^{s_2}(P_1, P_2)$ 和 $c_i^{s_0}(P_1, P_2)$，见表5-3～表5-5。

表 5-3　最低价方案在 s_1 状态下的精炼解 $c_i^{s_1}(P_1, P_2)$

	$c_1^{s_1}(p_l,p_l)$	$c_1^{s_1}(p_l,p_h)$	$c_2^{s_1}(p_l,p_h)$	$c_1^{s_1}(p_h,p_l)$	$c_2^{s_1}(p_h,p_l)$	$c_1^{s_1}(p_h,p_h)$	$c_2^{s_1}(p_h,p_h)$
$x_1^{s_1}(p_l,p_l)=1$	c^*						
$x_1^{s_1}(p_l,p_h)=1^{1)}$		c^*	$\hat{c}$				
$x_1^{s_1}(p_h,p_l)=1^{2)}$				$\tilde{c}$	c^*		
$x_1^{s_1}(p_h,p_h)=1^{3)}$						$\tilde{c}$	$\hat{c}$

注：上述取值在下列情况下成立。
1) $\Delta Q > \dfrac{1}{1-\lambda}(-\Delta p + \hat{c} - c^* - \psi(\hat{c}) + \psi(c^*) - \dfrac{\alpha\lambda_f}{(1-\alpha)(1+\lambda_f)}\Phi(\hat{c}))$。2) $\Delta Q > \dfrac{1}{1-\lambda}(\Delta p - \tilde{c} + c^* + \psi(\tilde{c}) - \psi(c^*) + \dfrac{\alpha}{1-\alpha}\Phi(\tilde{c}))$。3) $\Delta Q > \dfrac{1}{1-\lambda}(\hat{c} - \tilde{c} + \psi(\tilde{c}) - \psi(\hat{c}) + \dfrac{\alpha}{1-\alpha}\Phi(\tilde{c}) - \dfrac{\alpha\lambda_f}{(1-\alpha)(1+\lambda_f)}\Phi(\hat{c}))$

表 5-4　最低价方案在 s_2 状态下的精炼解 $c_i^{s_2}(P_1, P_2)$

	$c_2^{s_2}(p_l,p_l)$	$c_1^{s_2}(p_l,p_h)$	$c_2^{s_2}(p_l,p_h)$	$c_2^{s_2}(p_h,p_l)$	$c_1^{s_2}(p_h,p_l)$	$c_1^{s_2}(p_h,p_h)$	$c_2^{s_2}(p_h,p_h)$
$x_2^{s_2}(p_l,p_l)=1$	c^*						
$x_2^{s_2}(p_l,p_h)=1^{1)}$		c^*	$\tilde{c}$				
$x_2^{s_2}(p_h,p_l)=1^{2)}$				c^*	$\hat{c}$		
$x_2^{s_2}(p_h,p_h)=1^{3)}$						$\hat{c}$	$\tilde{c}$

注：上述取值在下列情况下成立。
1) $\Delta Q > \dfrac{1}{1-\lambda}(-\Delta p + \hat{c} - c^* - \psi(\hat{c}) + \psi(c^*) - \dfrac{\alpha\lambda_f}{(1-\alpha)(1+\lambda_f)}\Phi(\hat{c}))$。2) $\Delta Q > \dfrac{1}{1-\lambda}(\Delta p - \tilde{c} + c^* + \psi(\tilde{c}) - \psi(c^*) + \dfrac{\alpha}{1-\alpha}\Phi(\tilde{c}))$。3) $\Delta Q > \dfrac{1}{1-\lambda}(\hat{c} - \tilde{c} + \psi(\tilde{c}) - \psi(\hat{c}) + \dfrac{\alpha}{1-\alpha}\Phi(\tilde{c}) - \dfrac{\alpha\lambda_f}{(1-\alpha)(1+\lambda_f)}\Phi(\hat{c}))$

表 5-5 最低价方案在 s_0 状态下的精炼解 $c_i^{s_0}(P_1, P_2)$

	$c_1^{s_0}(p_l, p_l)$	$c_2^{s_0}(p_l, p_l)$	$c_1^{s_0}(p_l, p_h)$	$c_2^{s_0}(p_h, p_l)$	$c_1^{s_0}(p_h, p_h)$	$c_2^{s_0}(p_h, p_h)$
$x_1^{s_0}(p_l, p_l) = \frac{1}{2}$	c^*	c^*				
$x_1^{s_0}(p_l, p_h) = 1$			c^*			
$x_2^{s_0}(p_h, p_l) = 1$				c^*		
$x_2^{s_0}(p_h, p_h) = \frac{1}{2}$					$\check{c}$	$\check{c}$

本章研究发现当光伏发电企业是低价竞标者时，光伏发电企业的收益可以达到最大值 c^*，而高价竞标的光伏发电企业在 s_1 和 s_2 状态下的收益分别下降到 $\tilde{c}$ 和 $\hat{c}$；高价竞标的光伏发电企业在状态 s_0 得到 $\check{c}$ 的收益，其中 c^*、$\tilde{c}$、$\hat{c}$ 和 $\check{c}$ 分别是 $\psi'(c) - 1$，$\psi'(\tilde{c}) = 1 - \dfrac{\alpha}{1-\alpha}\Phi'(\tilde{c})$，$\psi'(\hat{c}) = 1 - \dfrac{\alpha\lambda_f}{(1-\alpha)(1+\lambda_f)}\Phi'(\hat{c})$ 和 $\psi'(\check{c}) = 1 - \dfrac{\alpha(2+\lambda_f)}{(1+\lambda_f)(1-\alpha)}\Phi'(\check{c})$ 的解。

5.2 均衡分析

本章采用以下数据进行均衡分析。中国已宣布在 2021 年取消光伏电站价格补贴[140]。因此，本章假设以脱硫煤价格为基准价格，光伏企业价格的上下边界分别为 53 美元/兆瓦时和 65 美元/兆瓦时，即 2024 年 6 月 17 日平均汇率 7.1149 下的 0.38～0.46 元/千瓦时 (含税)[141]。根据国家能源局 2018 年以来实施的光伏政策[142]，针对不同地区，有三个质量标杆，新安装的光伏电站从 0.5～0.7 元/千瓦时 (含税)，即 70～100 美元/兆瓦时。因此，通过使用光伏发电，用户可以获得最大收益 $Q_h = 0.7$ 元/千瓦时，即 $Q_h = 100$ 美元/兆瓦时和最小收益 $Q_l = 0.5$ 元/千瓦时，即 $Q_l = 70$ 美元/兆瓦时。此外，本章使用观察到的典型电厂的平均税率[143] 来反映参数 λ，设置为 3%。因为合谋的年成本为全球 GDP 的 2%[112]，因此设置合谋转移成本为 $\lambda_f = 2\%$。此外，本章假设拍卖商认为光伏企业价格低廉的先验概率为 $\alpha = 0.5$，合谋的负效用率为 $k = 0.8$。所有三种信息状态的概率为 $\delta = \dfrac{1}{3}$。表5-6总结了用于平衡分析的参数值。本书利用 MATLAB 模拟了最低价和综合评分情况下的均衡解。仿真采用 $\psi(c) = ke^c$ 作为负效用函数，它满足 $\psi' \geqslant 0$、$\psi'' \geqslant 0$，可以推导出与 $\psi(c) = kc^2$、$\psi(c) = kc^3$ 或其他函数类型相似的结果。

表 5-6 均衡分析数值

项目	λ	λ_f	α	k	δ	p_h/(美元/兆瓦时)	p_l/(美元/兆瓦时)	Q_h/(美元/兆瓦时)	Q_l/(美元/兆瓦时)
数值	3%	2%	0.5	0.8	$\frac{1}{3}$	65	53	100	70

5.2.1　社会福利

考虑到光伏项目对电能质量的严格要求，均衡分析采用质量 Q_h 和 Q_l 作为研究的两个维度。此外，p_h 和 p_l 是更适合均衡分析的参数，因为许多监管机构采用综合评分法采购光伏发电项目，并不排斥高报价。当监管者选择最低价情景时，社会福利水平达到最高。图 5-4(a) 显示了社会福利与质量的关系。图 5-4(a)

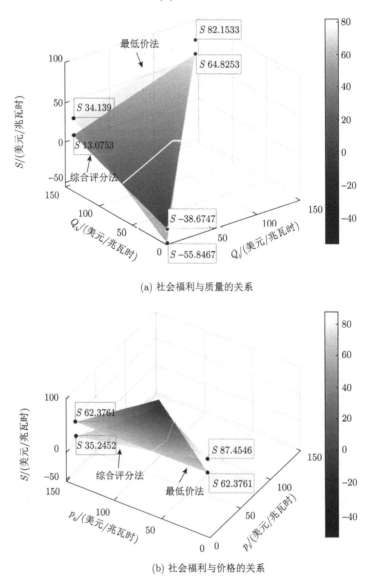

(a) 社会福利与质量的关系

(b) 社会福利与价格的关系

图 5-4　社会福利与质量和价格的关系

说明了社会福利 S 与光伏企业质量的上、下边界 Q_h、Q_l 之间的关系。图 5-4(b) 给出了社会福利 S 与光伏企业价格上下边界 p_h 和 p_l 的关系。从图 5-4(a) 可以看出，当光伏项目的监管者对质量有强烈的偏好时，最低价法在任何参数条件下都不是最优的。此外，图 5-4(a) 显示，在低质量的情况下，最低价法导致社会福利增加。相比之下，研究结果还表明，由于光伏发电的质量随着时间的推移不断提高，最低价法对监管机构来说可能是一个理性的选择。

由图 5-4(b) 可知，当光伏发电价格上涨时，最低价法表现良好，尤其是 $p > 100$ 美元/兆瓦时时。但是，尽管在价格飙升时最低价法有利于社会福利的提升，但监管者不能确保在各种价格下最低价法都是有效的。

5.2.2 光伏发电企业的合谋收益

如命题5.2所述，图5-5显示最低价法比综合评分法更有可能令光伏发电企业从合谋中获得更高的收益。图 5-5(a) 给出了合谋利益 c 与光伏企业质量上下边界 Q_h 和 Q_l 的关系。图 5-5(b) 给出了合谋收益 c 与光伏企业价格上下边界 p_h 和 p_l 的关系。对合谋的分析表明，最低价法导致光伏企业的负收益，即惩罚。这是由于对质量操纵采取了严格的防合谋措施。当光伏产品出现质量竞争时，即 $Q_h \approx Q_l$，由于质量操纵容易进行，综合评分法使光伏企业受到的惩罚较小。然而，最低价情景的价格竞争，即 $p_h \approx p_l$，降低了光伏企业从合谋中获得的收益。

5.2.3 光伏发电企业的效用

光伏发电企业在综合评分情况下的预期效用大于最低价情况下的预期效用。如命题5.1所述，如图5-6所示，在最低价情景下，光伏发电企业的效用维持在

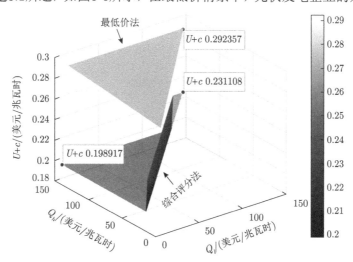

(a) 光伏发电企业总收入与质量的关系

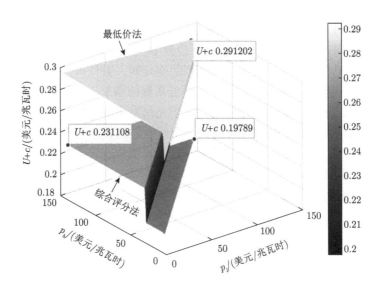

(b) 光伏发电企业总收入与价格的关系

图 5-5　合谋收益与质量和价格的关系

较低水平。图 5-6(a) 给出了光伏发电企业的效用 U 与光伏发电企业质量的上、下边界 Q_h 和 Q_l 的关系。图 5-6(b) 给出了光伏发电企业的效用 U 与光伏发电企业价格的上下边界 p_h 和 p_l 之间的关系。监管者更愿意采用综合评分法，即使存在质量和价格竞争 (即 $Q_h \approx Q_l$ 和 $p_h \approx p_l$)。质量（价格）竞争降低（增加）了光伏企业的效用，这是因为 $U_i(p_j) = t_i - x_i(P_1, P_2)\psi(c_i(P_1, P_2))$ 与 $c_i(P_1, P_2)$ 呈负相关，这可以从图 5-5(b) 和图 5-6(b) 的对比中得到解释。

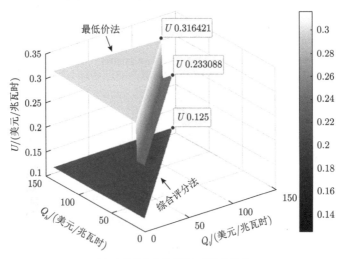

(a) 光伏发电企业效用与质量的关系

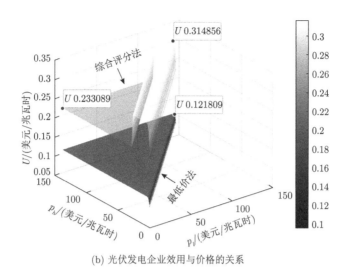

(b) 光伏发电企业效用与价格的关系

图 5-6 光伏发电企业的效用与质量和价格的关系

5.2.4 光伏发电企业的总收入

如图 5-7 所示，最低价情景比综合评分情景获得更大的收入。图 5-7(a) 给出了光伏发电企业总收入 $U+c$ 与光伏发电企业质量上下边界 Q_h 和 Q_l 的关系。图 5-7(b) 给出了光伏发电企业总收入 $U+c$ 与光伏发电企业价格上下边界 p_h 和 p_l 的关系。光伏发电企业的总收入包括其效用和合谋收益。因此，无论在质量还是价格设置上，最低价法都是光伏发电企业更好的选择。综合评分情景对于光伏发电企业提高总收益是不可取的。

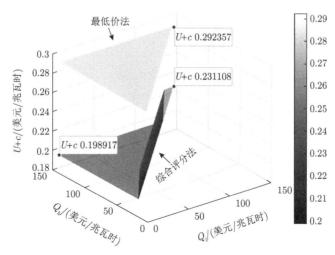

(a) 光伏发电企业总收入与质量的关系

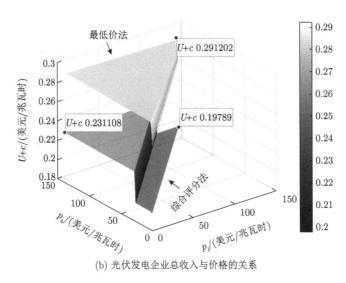

(b) 光伏发电企业总收入与价格的关系

图 5-7　光伏发电企业总收入与质量和价格的关系

5.2.5　λ 和 λ_f 的影响

如图 5-8 所示,综合评分法在社会福利方面取得了较高的绩效。然而,最低价法有利于光伏企业从合谋中获益。图 5-8 说明了税率 λ 和合谋成本 λ_f 对于社会福利 S[图 5-8(a)], U 光伏发电企业效用 [图 5-8(b)], 合谋收益 c[图 5-8(c)] 及光伏发电企业总收入 $U+c$[图 5-8(d)] 的影响。图 5-8(a) 表明,对社会福利来说,最低价的选择不再是最好的。对于提高效用而言,综合评分的选择总是最好的, 如图 5-8(b) 所示。此外,最低价方案的中标人从合谋中获得最大的利益 [图 5-8(c)] 及总收入 [图 5-8(d)]。

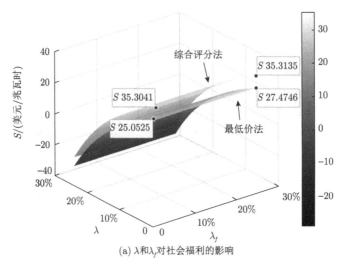

(a) λ 和 λ_f 对社会福利的影响

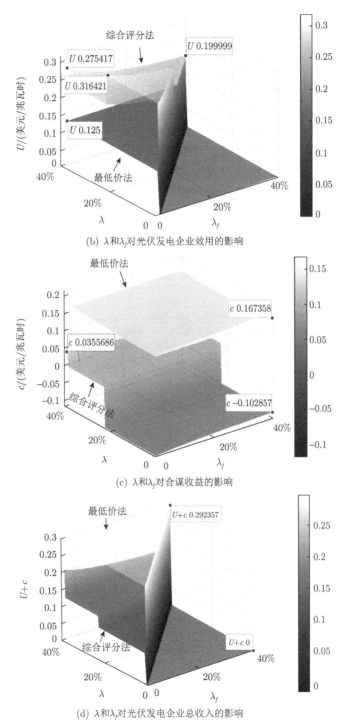

(b) λ和λ_f对光伏发电企业效用的影响

(c) λ和λ_f对合谋收益的影响

(d) λ和λ_f对光伏发电企业总收入的影响

图 5-8　λ 和 λ_f 对于社会福利、光伏发电企业效用、合谋收益、总收入的影响

5.2.6　k 和 α 的影响

社会福利与低价格的可能性 (α) 呈正相关关系，但是合谋的负效用率 (k) 对于社会福利几乎没有影响，如图 5-9(a) 所示。图 5-9 说明了合谋的负效用率 k 和低价概率 α 对社会福利 S[图 5-9(a)]、光伏发电企业效用 U[图 5-9(b)]、合谋收益 c[图 5-9(c)] 和总收入 $U+c$[图 5-9(d)] 的影响。由此可见，社会福利 (S) 与低价可能性 (α) 呈负相关关系。此外，光伏发电企业的合谋收益在最低价情况下随 α 增加，在综合评分情况下保持不变，这解释了图 5-9(c) 所示的结果。低价的可能性 (α) 越高，光伏企业就越有可能与招标人进行合谋行为。此外，本章研究发现光伏发电企业的效用与 k 和 α 负相关，如图 5-9(b) 所示。这一发现也适用于对光伏发电企业总收入的分析 [图 5-9(d)]。

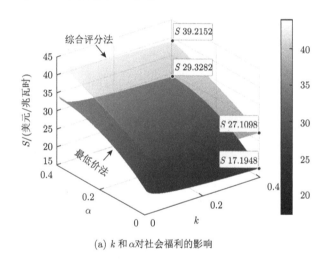

(a) k 和 α 对社会福利的影响

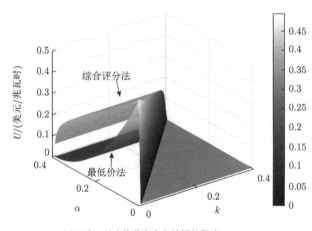

(b) k 和 α 对光伏发电企业效用的影响

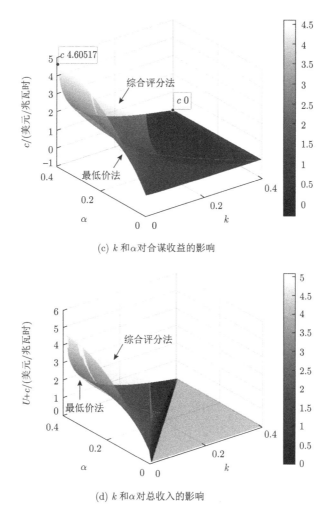

(c) k 和 α 对合谋收益的影响

(d) k 和 α 对总收入的影响

图 5-9　k 和 α 对于社会福利、光伏发电企业效用、合谋收益、总收入的影响

5.2.7　k 和 δ 的影响

图 5-10(a) 解释了社会福利与 δ 的正相关关系。图 5-10 说明了合谋的负效用率 k 和信息状态概率 δ 对社会福利 S[图 5-10(a)]、光伏发电企业效用 U[图 5-10(b)]、合谋收益 c[图 5-10(c)] 和总收入 $U+c$[图 5-10(d)] 的影响。δ 表示合谋程度，δ 越高，光伏发电企业合谋的动机越低。这再次证明，在强监管环境下，最低价法并不适合光伏发电企业。此外，光伏发电企业应该在投标中保持诚信，以实现最大的效用 [图 5-10(b)]。如图 5-10(c) 所示，合谋的负效用率越大，光伏发电企业获得的合谋收益越小。合谋行为所获得的最高收益使光伏发电企业获得最大的总收入 [图 5-10(d)]。

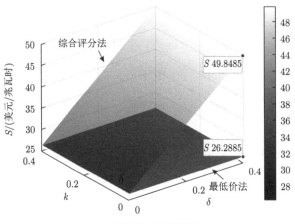

(a) k 和 δ 对社会福利的影响

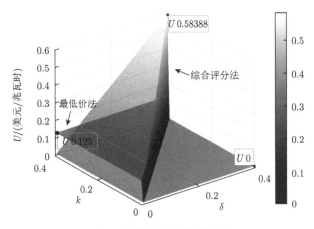

(b) k 和 δ 对光伏发电企业效用的影响

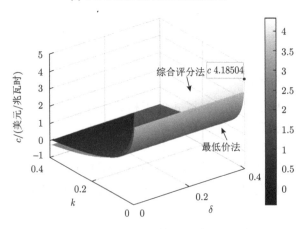

(c) k 和 δ 对合谋收益的影响

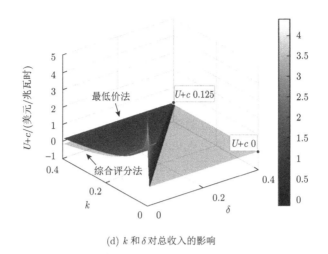

(d) k 和 δ 对总收入的影响

图 5-10 k 和 δ 对于社会福利、光伏发电企业效用、合谋收益和总收入的影响

总而言之，均衡分析表明，所有的情况都有相同的结果。综合评分法适用于高质量和低价格的光伏发电市场，因为它可以在大多数情况下实现最大的社会福利。高质量和低价格的光伏发电市场也有利于光伏发电企业的效用和总收入。这一发现适用于税率、内部转移成本、低价格可能性、合谋负效用率和合谋程度的大多数设置。

5.3 关于均衡分析的讨论

合谋已成为阻碍光伏发电发展的重要障碍。本章采用机制设计方法和贝叶斯均衡模型来探讨这一问题，并研究了通过追求精炼解来避免合谋的方法。本章考虑了一个严格监管的光伏采购环境，开发了两种光伏采购招标机制来研究哪种方案能促进社会福利。一种是最低价法，另一种是综合评分法。研究发现，在大多数情况下，综合评分法可以维持高水平的社会福利。在此框架下，本章研究了光伏发电企业效用和总收入最大化的情况，发现最低价法不适合光伏发电企业，因为它抑制了光伏发电企业的正常效用。此外，本章研究了光伏发电企业合谋收益最大化的情况，发现最低价策略是不可取的，因为它会使光伏发电企业获得最多的合谋收益。

理论分析和仿真分析得出以下建议，对监管措施具有指导意义。首先，在低质量、高价格的光伏市场中，最低价法带来了突出的社会福利。然而，由于最低价法使承包商能够从合谋中获得最大利益，监管者可能不会采用它。这些是最低价法的优点和缺点，回答了 Q1。其次，在大多数市场环境中，综合评分法比最低价法获得的社会效益更为突出。但是，综合评分法也有利于光伏发电企业获得最大的效用。这两个启示回答了 Q2，监管机构应该采用综合评分法来最大化社会福利，特别是在高质量和低价格的光伏市场中。

将本章的研究结果与以往的研究结果进行比较，可以得出以下结论。首先，与本章研究最密切相关的文献是 Wang[60]，它比较了综合评分的最高分和次高分招标。在本章中，发现在综合评分的情况下，当获胜企业是低价企业时，其合谋收益固定在最高水平。在这方面，Wang[60] 认为，效率更高的供应商愿意在综合评分法中支付更高的合谋成本。相比之下，本章的研究与 Wang[60] 不同，因为本章研究的是最低价拍卖，并发现最低价法比综合评分法产生更高的合谋收益。Wang[60] 揭示了次高分招标导致更高的合谋倾向，因此更容易产生合谋。其次，Burguet[61] 与 Huang 和 Xia[62] 的工作也与本章的发现有关。在其富有洞察力的研究中，Burguet[61] 进行了一个分析推导，揭示了最优合同对所有承包商的质量限制。为了解决合谋威慑与质量扭曲之间的权衡问题，Huang 和 Xia[62] 发现买方可能会夸大其对质量的偏好。本章的研究与上述作者的研究不同，因为本章考虑了额外的指标作为光伏发电企业社会福利、效用、合谋收益和总收入的代表。总之，本章的结果与招标研究的结果一致，并阐明了一些新的见解。

本章在实证研究成果方面有一定的贡献。第一，在低质量、高价格的光伏市场中，最低价法带来了突出的社会福利。第二，监管者在使用这一策略时应该非常谨慎，因为最低价策略有利于合谋，使承包商能够从合谋中获得最大利益。第三，综合评分策略适用于高质量、低价格的光伏市场，因为它在大多数情况下可以实现最高的社会福利。这也有利于光伏发电企业的效用和总收入。因此，综合评分法适用于高质量、低价格的光伏市场。第四，综合评分法有利于光伏企业获得最大的效用。因此，监管者应该采用综合评分机制来实现社会福利最大化，尤其是在高质量、低价格的光伏市场中。

本章对于光伏发电招标的强监管有一些理论贡献。第一，本章采用综合评标法，研究光伏采购招标领域常见的质量操纵问题。未来的研究可以使用这种方法来研究光伏发电的相关问题。问题包括但不限于风力发电场和能源储存项目。第二，本章研究中的成本补偿假设适用于采购监管中的强监管研究。未来的研究可以利用这些假设来反映光伏企业与用户之间的关系。第三，本书的机制旨在甄别投标价格的不对称信息。通过这种方式，监管机构可以让竞标者说出真相，并最大限度地实现收益最大。未来的强监管研究可以将这一机制作为模型框架的基准。

本章研究可应用于其他可再生能源项目的采购招标。这些项目可能包括风力发电站或太阳能发电站的采购招标，也适用于新能源的招标，如液化天然气储存电站。但本章研究不适用于传统能源，如火电，其采购模式不是购买而是调度。因此，本章研究仅适用于可再生能源电站项目。

5.4 本章小结

本章研究的创新性体现在以下几个方面。首先，本章根据文献研究的结果对内容进行整理。在受到严格监管的光伏采购招标中，价格操纵很难维持。这使得研究采购招标中的价格操纵没有必要，本章之所以对质量操纵进行研究，是因为它在最近的综合评分招标合谋研究中很普遍，而且分布广泛。本章研究还发现，发电研究很少涉及光伏采购招标中的合谋问题。因此，本章运用显示原理建立了一个框架，并提出了防止光伏采购中标合谋的措施。此外，遏制光伏采购合谋的政策需要进一步研究，以适应不同的市场。为此，本章研究了高质量低价格和低质量高价格两个市场，并制定了遏制光伏合谋的政策。

其次，通过对最低价与综合评分招标策略的比较，本章研究抑制光伏采购招标合谋的合适策略。本章采用综合评分方案作为研究对象，原因有两个方面。一是近年来招标行业普遍存在质量操纵现象。二是综合评分法在光伏采购招标中大规模应用。为了揭示综合评分的本质，本章建立了反映监管者对质量和价格的最大期望的评分规则。接下来，本章定义了三种信息状态，揭示了招标商在质量操纵方面的不道德行为。为了减少合谋，本章在综合评分模型中加入了激励相容约束，以确保招标商没有动机报告伪造的质量评估。在均衡分析中，从社会福利、效用、合谋效益和总收入等方面比较了光伏采购招标的最低价法和综合评分法。

最后，本章运用贝叶斯纳什均衡、显示原理和外生偏好来进行研究。动机有三个方面。第一，纳什均衡通过推导两个参与人策略之间的均衡来解决博弈问题。本章定义了用户和光伏发电企业的目标函数，用社会福利和最优效用来表示，并使用隐式变量 U 将两者联系起来。第二，本章利用显示原理求解贝叶斯纳什均衡。通过使用激励相容约束，光伏发电企业显示出真实的类型，即不合谋，并获得最佳效用。此外，本章研究还增加了个体理性约束，以确保光伏发电企业的参与。第三，本章研究用外生偏袒来反映采购招标的现实，描述这样一种情况：招标人在竞标过程中不偏袒任何公司；中标人将合谋收益的一部分作为报酬支付给招标商；招标商事先无法分辨出获胜者。因此，外生偏袒反映了招标的现实情景。

本章研究有一定的局限性。未来的工作应侧重于更动态的研究，因为递归分析更适合描述招标计划和光伏市场监管政策的长期影响。此外，本章的实证分析有助于得出一般化的数值计算和平衡计算的结果。此外，通过评估隐藏行为的案例，如投标商和招标商之间的权衡，可能会获得额外的见解。这可以产生一个可以更好地反映现有招标程序的模型。

第 6 章　太阳能发电成本审计监管策略研究

太阳能电池板的缺陷引起了监管者的广泛担忧。2021 年，特斯拉的太阳能光伏屋顶系统和故障连接器引发了诉讼和其他担忧 [144]。此前也有文章对特斯拉太阳能系统可能引发火灾表示担忧。在 2019 年对特斯拉的诉讼中，沃尔玛表示，特斯拉的屋顶太阳能系统对七起商店火灾负有责任。2019 年，特斯拉制定了一项名为"泰坦计划"的计划，以更换有缺陷的太阳能电池板部件 [145]。美国消费者新闻与商业频道报道，根据法律透明组织 PlainSite 在 2023 年提供的文件 [146]，一些住宅客户或他们的保险公司已经起诉特斯拉及其零部件供应商安费诺，原因是其太阳能系统引发了火灾。

成本虚报往往隐藏在太阳能电池板的缺陷背后。成本虚报在许多国家的能源生产中普遍存在。2023 年，韩国出现了光伏发电领域的费用虚报问题 [147]，以及伪造税务发票和虚报建筑费用 [148]，伪造发票的企业共获得 549 笔贷款，金额达 974 亿韩元，超过发票金额 401 亿韩元的贷款有 206 笔。另外，通过虚假发票发放了 1900 笔贷款 (3080 亿韩元)。

成本虚报审计中的合谋行为没有得到有效监督，光伏发电项目合谋案件频发。审核员可以操纵审计评估以支持光伏供应商 [58-60]。在本章中，光伏审计的合谋是指在光伏电站的运维过程中，光伏供应商将资金转移给审计机构，以实现其收益最大化的一种结算方式。据韩国广播公司 2023 年 7 月报道，从 2019 年到 2021 年，与太阳能电池板等政府可再生能源项目相关的违规次数最多，达到 3.1 万件，违规金额达 4900 亿韩元 [149]。值得注意的是，塞尔维亚 61% 的光伏项目 [114] 受到合谋的影响。印度大约 28% 的光伏项目在承包阶段受到合谋的影响 [115]。摩洛哥 [118]、坦桑尼亚 [119] 和撒哈拉以南非洲 [120] 的大型光伏项目可能受到合谋的影响。

审计策略在审计的正常过程中对发现财务舞弊起着重要的作用，且一直是一个热门话题。对宽松与严格策略的研究揭示了不同的审计师责任制度如何影响审计服务的需求和供应 [150]。然而，在审计程序的实施过程中确定一种适当的方法是困难的 [151-152]。例如，关于强制性能源审计对建筑物能源使用影响的调查结果表明，仅凭强制性审计并不能提供足够的激励，以实现全市碳减排目标 [153]。因此，有必要研究严格的审计策略是否在可再生能源发电部门表现良好。

本章旨在确定抑制成本虚报的策略。首先，本章详细说明一个简单的成本虚报场景。为了抑制成本虚报,本章研究引入了一个显示原理,要求光伏发电企业披露其实际成本类型。为了研究严格审计和宽松审计的作用,本章将审计强度定义为基于单调似然比属性 (monotone likelihood ratio property, MLRP)[82] 的审计错误的可能性。其次,本章考虑合谋和成本虚报同时发生的情况。本章还精心设计了一个预防合谋的框架,可以进一步将其重塑为混合互补问题 [101],以适应光伏项目的合谋环境。

　　本章利用贝叶斯均衡和机制设计,以研究当司法管辖区实施不同方法时不道德行为的程度。本章研究涉及以下问题。

　　Q1:严格的审计对社会福利、光伏发电企业的效用和降低成本的积极性是否有效?

　　Q2:当审计机构与光伏发电企业之间存在合谋协议时,监管者应采取什么措施?

6.1　模型和分析结果

6.1.1　场景和审计强度设置

　　本节描述成本虚报模型的假设。图6-1展示了一个光伏发电企业为用户建造电站、获得成本补偿并获得净转移的模型,显示了光伏发电企业成本虚报的传导和可能的行为。监管者旨在最大限度地提高社会福利,并奖励代表光伏用户的审计机构。通过最大化用户福利,监管者决定了与审计师审计强度相关的光伏发电企业的成本削减的努力和效用。

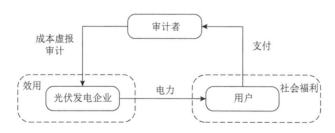

图 6-1　光伏项目成本造假审计的商业模式

　　假设6.1建立了参数设置。

　　假设 6.1　从市场中随机选取实际成本为 c 的两类光伏发电企业。领先者的成本 c_l 较低,而跟随者的成本 c_f 较高。也就是说,$c \in \{c_l, c_f\}$ 和 $c_l < c_f$。假设 $\Delta c = c_f - c_l$,而 $c = c_l$ 的概率是 ν。设 $0 < \lambda < 1$ 表示总税收程度,$\dfrac{1}{1-\lambda}$ 表示公共资金的边际成本。

　　假设6.2提到了本章研究中使用的部分变量。

　　假设 6.2　假设向用户提供光伏发电的企业从事两项活动：成本虚报 $s \geqslant 0$，$s = \{0, a\}$ 和降低成本的努力 $r > 0$。后者给企业带来负效用 $\psi(r)$，$\psi' > 0$，$\psi'' > 0$ 和 $\psi''' \geqslant 0$。[①]其中，$h(s) = \rho s$ 表示光伏发电企业通过成本虚报获得的收益，$\rho \in [0, 1]$，s^m 表示成本虚报审计的结果信号。设 U、z 和 t 分别表示光伏企业的效用、审计师的收入和光伏企业收到的净转移；t_l^s 和 t_f^s 分别表示在成本虚报发生时向领先者和跟随者光伏发电企业的净转移 s。

　　根据假设6.2，惩罚 $t_f^a = 0$ 意味着审计师向跟随者光伏发电企业转移了 0。本书研究在6.3节加强了处罚。定义6.1定义了变量之间的关系。

　　定义 6.1　光伏发电企业的报告成本 C 取决于实际成本 c、成本虚报 s 和光伏发电企业降低成本的努力 r。也就是 $C = c + s - r$。总转移量为 $T = t + \rho s$，光伏发电企业的效用为 $U = T - \psi(r)$。光伏发电用户收益代表社会福利，等于 $V(r) - \dfrac{1}{1 - \lambda}(C + T)$，其中 $V(r) = \mu[\nu r_l + (1 - \nu) r_f]$ 表示给用户带来的收益，与光伏发电企业的努力相关，$\mu \geqslant 0$。

　　本章使用的参数与变量如表 6-1 所示。

表 6-1　参数与变量表

参数与变量		注释
参数	c_l, c_f	领先者和跟随者的实际成本 (美元/兆瓦时)
	λ	总税收程度
	ν	$c = c_l$ 的概率
	μ	用户收益
	k	努力负效用率
	ρ	收益在成本虚报中的占比
变量	W	社会福利 (美元/兆瓦时)
	C	报告成本 (美元/兆瓦时)
	$h(s)$	成本虚报获得的收益 (美元/兆瓦时)
	s^m	成本审计的结果信号 (美元/兆瓦时)
	z	审计机构合谋获得的收入 (美元/兆瓦时)
	U_l, U_f	领先者和跟随者的效用 (美元/兆瓦时)
	T_l, T_f	领先者和跟随者的转移支付 (美元/兆瓦时)
	t_l^s, t_f^s	成本虚报 s 时领先者和跟随者的净转移支付，$s = \{0, a\}$ (美元/兆瓦时)
	r_l, r_f	领先者和跟随者成本降低的努力 (美元/兆瓦时)
	s_l, s_f	领先者和跟随者的成本虚报 (美元/兆瓦时)

---

　　① 这些凸条件与 [82]、[85] 等经典文献一致，并与 Siddiqui 等 [13]、Murali 等 [138] 和 Hao 等 [25] 的研究一致。

本章设置以下市场结构来研究结果的变化。

成本虚报领先者有两种选择：进行成本虚报，$s = a$；保持诚实，$s = 0$ 和 $a \geqslant 0$。当审计师报告结果 $s^m = 0$ 时，光伏发电企业收到净转账 t_l^0 和 t_f^0。如果是 $s^m = a$，那么 t_l^a 和 t_f^a 被指定为 0 作为惩罚。此处罚将在6.3.2节中放宽。

审计机构与光伏发电企业合谋审核结束后，审核员可以善意地报告 $s^m = a$ 或 $s^m = 0$。审计师也可能是不道德的，因为在 $s = a$ 和报告 $s^m = 0$ 时发现了成本虚报。

本章研究针对每种情形推导出混合互补问题[101]，并列出解决这些问题的贝叶斯纳什均衡。本书将 $\check{}$ 和 $\hat{}$ 分别表示为成本虚报和合谋场景的最优解决方案。

定义 6.2　图6-2的 $\triangle OAE$ 为审计强度的可行区域，而 $\triangle OAE$ 在 MLRP 假设下不适用。松散审计指 $x > 0.5$ 和 $y > 0.5$，即图6-2中的 $\triangle ABD$；严格审计指 $x < 0.5$ 和 $y < 0.5$，即图6-2中的 $\triangle ODC$；图6-2中的 $\square BECD$ 表示理想的正常审计。

定义6.2是基于一种普遍的认识，即审计师不可能进行正常的审计，因为它是一种理想状态。

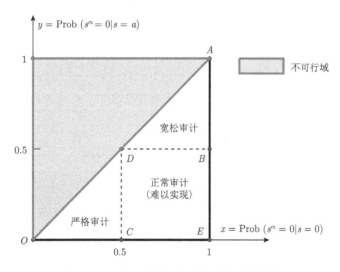

图 6-2　由审计错误可能性定义的审计强度

6.1.2　成本虚报场景

在成本虚报场景下，领先者模仿跟随者以从成本虚报中获得更多的利益。实例6.1解释了为什么领先者模仿跟随者进行成本虚报。

实例 6.1　如果高成本类型 c_f 模仿低成本类型 c_l，在总成本 $c_l = c_f - r_l + s_l$ 保持不变的情况下，它将从成本虚报 s_l 中获得较少的收益。这不是类型为 c_f 的光伏发电企业的意愿。因此，跟随者不能模仿领先者。相反，如果类型为 c_l 的光伏发电企业模仿类型为 c_f（ $c_l < c_f$ ）的光伏发电企业，那么为了维持总成本 $c_f = c_l - r_f + s_f$ 不变，它将需要从成本虚报 s_f 中获得更多收益。因此，领先者更喜欢模仿跟随者。

实例6.1表明，只有领先者才能模仿跟随者并从成本虚报中获益。这一发现很重要，并在后文中经常使用。图6-3说明了成本虚报场景的时间轴。引理6.1为成本虚报场景模型提供了激励相容和个体理性约束。

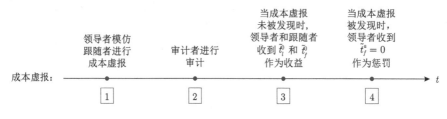

图 6-3　成本虚报的时间轴

引理 6.1　为了防止领先者模仿跟随者，成本虚报审计的激励相容约束 $U_l \geqslant \Phi(r_f)$ 阻止了领先者从成本虚报中获益 $s_f = a$，其中 $\Phi(r_f) = \psi(r_f) - \psi(r_f - \Delta c)$。否则，如果领先者是诚实的，并且没有从成本虚报中获益，即 $s_f = 0$，则领先者获得保留效用 $\Gamma(r_f) = \frac{x}{y}[\psi(r_f) - \rho a] + \left[(1-x) - x\frac{1-y}{y}\right]t_f^a - \psi(r_f - \Delta c)$，即此时的激励相容约束为 $U_l \geqslant \Gamma(r_f)$。在这两种情况下，跟随者的保留效用总是 0；也就是说，个体理性约束是 $U_f = 0$。

证明：成本虚报场景的目标函数为 $\displaystyle\max_{r_l \geqslant 0, r_f \geqslant 0, U_l \geqslant 0, U_f \geqslant 0} \tilde{W} = \mu[\nu r_l + (1-\nu) r_f] - \nu\left[\frac{1}{1-\lambda}(c_l - r_l + s_l + \psi(r_l)) + \frac{1}{1-\lambda}U_l\right] - (1-\nu)\left[\frac{1}{1-\lambda}(c_f - r_f + s_f + \psi(r_f)) + \frac{1}{1-\lambda}U_f\right]$，受 $U_l = T_l - \psi(c_l - C_l + s_l) \geqslant T_f - \psi(c_l - C_f + s_f)$：(IC) 和 $U_f = T_f - \psi(r_f) \geqslant 0$：(IR) 的约束。

(1) 本章推导了当 $s_f = a$ 时的激励相容约束和个体理性约束。领先者有模仿跟随者以从成本虚报中获益的动机，如实例6.1所示。领先者的负效用为 $\psi(c_l - C_f + s_f)$，可以表示为 $\psi(r_f - \Delta c) = r_f = c_f - C_f + s_f$。总转移支付 $T_f = y t_f^0 + (1-y) t_f^a + \rho a$。对于激励相容约束，领先者的效用必须满足 $U_l \geqslant y t_f^0 + (1-y) t_f^a + \rho a - \psi(r_f - \Delta c)$。根据个体理性约束，得到：

$$U_f = y t_f^0 + (1-y) t_f^a + \rho a - \psi(r_f) \geqslant 0 \tag{6-1}$$

为了使目标函数最大化，将约束 (IC) 和约束 (IR) 指定为紧约束。因此，$U_l \geqslant \psi(r_f) - \psi(r_f - \Delta c) = \Phi(r_f)$ 和 $U_f = 0$。

(2) 本章推导了当 $s_f = 0$ 时的 IC 和 IR 约束。领先者模仿跟随者并具有负效用 $\psi(c_l - C_f + s_f)$，它有一个替代表达式 $\psi(r_f - \Delta c)$，其中 $r_f = c_f - C_f + s_f$。转让总额 T_f 为 $xt_f^0 + (1-x)t_f^a$。激励相容约束确保领先者的效用满足条件：$U_l \geqslant xt_f^0 + (1-x)t_f^a - \psi(r_f - \Delta c)$。

因为可由式 (6-1) 和 $U_f = 0$ 推导出 $t_f^0 = \dfrac{\psi(r_f) - \rho a - (1-y)t_f^a}{y}$，所以上述条件等价于 $U_l \geqslant \Gamma(r_f)$，其中 $\Gamma(r_f) = \dfrac{x}{y}[\psi(r_f) - \rho a] + \left[(1-x) - x\dfrac{1-y}{y}\right]t_f^a - \psi(r_f - \Delta c)$。

使用激励相容约束 $U_l \geqslant \Phi(r_f)$，$U_l \geqslant \Gamma(r_f)$ 和个体理性约束 $U_f = 0$，用户最大化 $V(r) - \dfrac{1}{1-\lambda}(C+T)$，可以写为公式 (6-2a)。

$$\max_{r_l \geqslant 0, r_f \geqslant 0, U_l \geqslant 0} \tilde{W} = \mu\left[\nu r_l + (1-\nu)r_f\right] - \nu\left[\frac{1}{1-\lambda}(c_l - r_l + s_l + \psi(r_l)) + \frac{1}{1-\lambda}U_l\right]$$
$$\text{(6-2a)}$$

$$- (1-\nu)\left[\frac{1}{1-\lambda}(c_f - r_f + s_f + \psi(r_f)) + \frac{1}{1-\lambda}U_f\right]$$

$$\text{s.t.} \begin{cases} U_l \geqslant \Phi(r_f) : \xi_1 & \text{(6-2b)} \\ U_l \geqslant \Gamma(r_f) : \xi_2 & \text{(6-2c)} \\ U_f = 0 & \text{(6-2d)} \end{cases}$$

本章研究可以认为 $s_l = 0$，因为跟随者不会模仿领先者，也不会从成本虚报中获益。还可令 $s_f = a$，因为领先者可以模仿跟随者以从成本虚报中获益，详细信息请参见实例6.1。公式 (6-2) 可以得到混合互补问题 [式 (6-3)]，它对 r_l, r_f 和 U_l 有以下形式。本章研究忽略 U_f 的混合互补问题条件，因为它是一个确定的值 0。根据 KKT 条件，推导出混合互补问题 [式 (6-3)] 的解，如定理6.1所示。

$$\begin{cases} 0 \leqslant r_l \perp \quad -\left[\mu\nu - \dfrac{\nu}{1-\lambda}(-1 + \psi'(r_l))\right] \geqslant 0 \\[2mm] 0 \leqslant r_f \perp \quad -\left[\mu(1-\nu) - \dfrac{1-\nu}{1-\lambda}(-1 + \psi'(r_f))\right] + \xi_1\Phi'(r_f) + \xi_2\Gamma'(r_f) \geqslant 0 \\[2mm] 0 \leqslant U_l \perp \quad -\left(-\dfrac{\nu}{1-\lambda}\right) - \xi_1 - \xi_2 \geqslant 0 \end{cases}$$
$$\text{(6-3)}$$

定理 6.1 成本虚报场景的最优结果提供了以下见解。

(1) 领先者降低成本的努力程度 $\tilde{r}_l$ 可以用 $\psi'(\tilde{r}_l) = 1 + \mu(1-\lambda)$ 来实现，该值始终是正数并且与审计强度无关；跟随者成本降低的努力 $\tilde{r}_f$ 和领先者的效用 $\tilde{U}_l$ 可以通过混合互补问题 [式 (6-3)] 和 KKT 条件的互补松弛性求解。

(2) 未发现成本虚报时，领先者的净转移支付为 $\tilde{t}_l^0 = \tilde{U}_l + \psi(\tilde{r}_l) - \rho a$；跟随

者的净转移支付可以确定为 $\tilde{t}_f^0 = \dfrac{\psi\left(\tilde{r}_f\right) - \rho a}{y}$。

证明：成本虚报场景优化如下：

$$\max_{r_l \geqslant 0, r_f \geqslant 0, U_l \geqslant 0} \tilde{W} = \mu\left[\nu r_l + (1-\nu)\, r_f\right] - \nu\left[\frac{1}{1-\lambda}\left(c_l - r_l + s_l + \psi\left(r_l\right)\right) + \frac{1}{1-\lambda} U_l\right] \tag{6-4a}$$

$$- (1-\nu)\left[\frac{1}{1-\lambda}\left(c_f - r_f + s_f + \psi\left(r_f\right)\right) + \frac{1}{1-\lambda} U_f\right]$$

$$\text{s.t.} \begin{cases} U_l \geqslant \Phi\left(r_f\right) : \xi_1 & \text{(6-4b)} \\[4pt] U_l \geqslant \Gamma\left(r_f\right) : \xi_2 & \text{(6-4c)} \\[4pt] U_f = 0 & \text{(6-4d)} \end{cases}$$

其中，$s_l = 0$ 和 $s_f = a$。公式 (6-4) 的 KKT 条件如下：

$$\begin{cases} -\left[\mu\nu - \dfrac{\nu}{1-\lambda}\left(-1 + \psi'\left(r_l\right)\right)\right] = 0 \\[8pt] -\left[\mu\left(1-\nu\right) - (1-\nu)\,\dfrac{1}{1-\lambda}\left(-1 + \psi'\left(r_f\right)\right)\right] + \xi_1 \Phi'\left(r_f\right) + \xi_2 \Gamma'\left(r_f\right) = 0 \\[8pt] -\left(-\dfrac{\nu}{1-\lambda}\right) - \xi_1 - \xi_2 = 0 \\[6pt] \xi_1\left[U_l - \Phi(r_f)\right] = 0 \\[4pt] \xi_2\left[U_l - \Gamma(r_f)\right] = 0 \end{cases} \tag{6-5}$$

然后，本章研究得到如下结果。

(1) $\tilde{r}_l$，$\tilde{r}_f$ 和 $\tilde{U}_l$ 可以通过 KKT 条件 [式 (6-5)] 得到。$\psi'\left(\tilde{r}_l\right) = 1 + \mu\left(1-\lambda\right)$ 可以推导出领先者降低成本的努力。$\tilde{r}_f$ 和 $\tilde{U}_l$ 可以通过条件 [式 (6-5)] 的第 2～5 个条件求解。

(2) $U_l = T - \psi(r_l)$ 的定义，其中 $T = t_l^0 + \rho a$，可以得到 $\tilde{t}_l^0 = \tilde{U}_l + \psi(\tilde{r}_l) - \rho a$。

(3) 公式 (6-1) 可以推导出 $t_f^0 = \dfrac{\psi\left(r_f\right) - \rho a - (1-y)\, t_f^a}{y}$，参见引理6.1的证明。因为本章临时定义了对成本虚报的惩罚 $\tilde{t}_l^a = \tilde{t}_f^a = 0$，所以方程 (6-4) 中的紧约束 $U_f = 0$ 导致 $\tilde{t}_f^0 = \dfrac{\psi\left(\tilde{r}_f\right) - \rho a}{y}$。

6.1.3　合谋场景

为了避免被审计机构发现成本虚报，光伏发电企业可能通过贿赂审计机构来和审计机构合谋，如图6-4所示。合谋情景的性质如下：第一，领先者模仿跟随者从成本虚报中获益 s，这与成本虚报情景相同。第二，领导可能会贿赂审计机构以逃避审计。合谋的时间轴如图6-5所示。

基于引理6.2，本章建立了一个反合谋的监管模型。

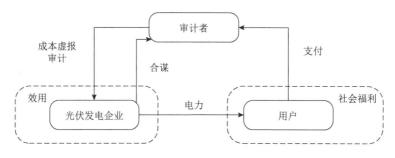

图 6-4　光伏项目合谋的商业模式

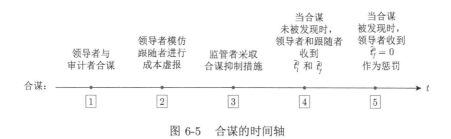

图 6-5　合谋的时间轴

引理 6.2　反合谋措施从社会福利中减去 $-\dfrac{1}{1-\lambda}(1-y)(1-\nu)z_a^*$；领先者贿赂审计机构 $\dfrac{1}{1-\lambda}(1-y)z_a^*$，其中 $z_a^* = \dfrac{\psi(r_f) - \rho a}{y}$。

证明：

(1) 本章详细阐述了反合谋机制。为了让审计师说实话，本章的机制赋予审计师收益 $z_a \geqslant t_f^0 - t_f^a$。这是因为一个模仿跟随者的领先者想要付出的合谋成本不会超过 $t_f^0 - t_f^a$。成本虚报的个体理性约束 $U_f = yt_f^0 + (1-y)t_f^a + \rho a - \psi(r_f) \geqslant 0$ 是紧约束，参见证明引理6.1的第 (1) 步。结合惩罚假设 $t_f^a = 0$，收益 $z_a \geqslant z_a^*$ 相当于 $z_a \geqslant z_a^*$，其中 $z_a^* = \dfrac{\psi(r_f) - \rho a}{y}$。

(2) 推导目标函数。支付给审计机构的转移支付 $\dfrac{1}{1-\lambda}\{(1-\nu)[(1-y)z_a^* + y \cdot 0] + \nu \cdot 0\}$ 从社会福利中扣除。造成这种情况的原因有三个：①当 $z_a = z_a^*$ 时目标函数最大化；② $y \cdot 0$ 意味着当没有发现成本虚报时，监管者对审计师施加零转移；③ $\nu \cdot 0$ 意味着不会出现模仿领先者的跟随者，详见实例6.1。

(3) 推导约束条件。当领先者模仿跟随者进行成本虚报时，其向审计师转移贿赂 $\dfrac{1}{1-\lambda}[(1-y)z_a^* + y \cdot 0]$，也就是 $s = a$。其原因如下：①$(1-y)z_a^*$ 意味着光伏发电领导者支付给审计师的合谋成本不会超过 $t_f^0 - t_f^a$，等于 z_a^*；②$y \cdot 0$ 意味着在没有发现成本虚报的情况下没有资金转移。

模型 (6-6) 提供了合谋场景的优化。

$$\max_{r_l \geqslant 0, r_f \geqslant 0, U_l \geqslant 0} \hat{W} = \mu \left[\nu r_l + (1-\nu) r_f \right] - \nu \left[\frac{1}{1-\lambda} \left(c_l - r_l + \psi(r_l) \right) + \frac{1}{1-\lambda} U_l \right]$$

$$- (1-\nu) \left[\frac{1}{1-\lambda} \left(c_f - r_f + s_f + \psi(r_f) \right) + \frac{1}{1-\lambda} U_f \right] \quad (6\text{-}6\text{a})$$

$$- \frac{1}{1-\lambda} (1-y)(1-\nu) z_a^*$$

$$\text{s.t.} \begin{cases} U_l \geqslant \Phi(r_f) : \eta_1 & (6\text{-}6\text{b}) \\[2mm] U_l \geqslant \Gamma(r_f) - \dfrac{1}{1-\lambda}(1-y) z_a^* : \eta_2 & (6\text{-}6\text{c}) \\[2mm] U_f \geqslant 0 & (6\text{-}6\text{d}) \end{cases}$$

本章将模型 (6-6) 转换为混合互补问题 [式 (6-7)]，并根据 KKT 条件推导其解。

定理 6.2　对合谋场景的求解揭示了以下发现。

(1) 领先者作出的积极的、不变的成本削减努力 $\hat{r}_l$ 由 $\psi'(\hat{r}_l) = 1 + \mu(1-\lambda)$ 决定；跟随者的成本降低努力 $\hat{r}_f$ 和领先者的效用 $\hat{U}_l$ 由混合互补问题 [式 (6-7)] 和 KKT 条件的互补松弛性决定，见公式 (6-8)。

(2) 未发现成本虚报时，领先者收到净转移支付 $\hat{t}_l^0 = \hat{U}_l + \psi(\hat{r}_l) - \rho a$；跟随者收到净转移支付 $\hat{t}_f^0 = \dfrac{\psi(\hat{r}_f) - \rho a}{y}$。

$$\begin{cases} 0 \leqslant\ r_l \perp - \left[\mu \nu - \dfrac{\nu}{1-\lambda} \left(-1 + \psi'(r_l) \right) \right] \geqslant 0 \\[3mm] 0 \leqslant\ r_f \perp - \left[\mu(1-\nu) - \dfrac{1-\nu}{1-\lambda} \left(-1 + \psi'(r_f) \right) \right] \\[3mm] \qquad + \dfrac{(1-y)(1-\nu)}{y(1-\lambda)} \psi'(r_f) + \eta_1 \Phi'(r_f) \\[3mm] \qquad + \eta_2 \left[\Gamma'(r_f) - \dfrac{1-y}{y(1-\lambda)} \psi'(r_f) \right] \geqslant 0 \\[3mm] 0 \leqslant\ U_l \perp - \left(-\dfrac{\nu}{1-\lambda} \right) - \eta_1 - \eta_2 \geqslant 0 \end{cases} \quad (6\text{-}7)$$

证明： 模型 (6-6) 的 KKT 条件如下：

$$\begin{cases} - \left[\mu \nu - \dfrac{\nu}{1-\lambda} \left(-1 + \psi'(r_l) \right) \right] = 0 \\[3mm] - \left[\mu(1-\nu) - \dfrac{1-\nu}{1-\lambda} \left(-1 + \psi'(r_f) \right) \right] + \dfrac{(1-y)(1-\nu)}{y(1-\lambda)} \psi'(r_f) + \eta_1 \Phi'(r_f) \\[3mm] + \eta_2 \left[\Gamma'(r_f) - \dfrac{1-y}{y(1-\lambda)} \psi'(r_f) \right] = 0 \\[3mm] - \left(-\dfrac{\nu}{1-\lambda} \right) - \eta_1 - \eta_2 = 0 \\[3mm] \eta_1 \left[U_l - \Phi(r_f) \right] = 0 \\[3mm] \eta_2 \left[U_l - \Gamma(r_f) + \dfrac{1}{1-\lambda}(1-y) z_a^* \right] = 0 \end{cases} \quad (6\text{-}8)$$

然后，本章研究得到如下结果。

(1) $\hat{r}_l$, $\hat{r}_f$ 和 $\hat{U}_l$ 均可通过混合互补问题 [式 (6-6)] 求解。通过对 $\psi'(\hat{r}_l) = 1 + \mu(1-\lambda)$ 的观察发现，在成本虚报和合谋的情况下，领先者会做出不变的成本削减努力。

(2) 定义 $U_l = T - \psi(r_l)$ 和 $T = t_l^0 + \rho a$ 产生 $\hat{t}_l^0 = \hat{U}_l + \psi(\hat{r}_l) - \rho a$。

(3) 根据对成本虚报的惩罚 $\hat{t}_l^a = \hat{t}_f^a = 0$，紧约束 $U_f = 0$ 导致 $\hat{t}_f^0 = \dfrac{\psi(\hat{r}_f) - \rho a}{y}$。

6.2 根据审计强度进行的均衡分析

本节预设要输入前面描述的模型中的数据。本章考虑了两种类型的光伏发电技术：光伏商业屋顶和大型、地面安装光伏。根据国际能源署关于中国 2020 年太阳能光伏发电成本的报告[123]，本章将 57 美元/兆瓦时作为领先者的成本。这是在贴现率为 3% 的情况下预测的平准化成本（levelized cost of enery, LCOE）。将 2018 年投入使用的新建公用事业规模太阳能光伏电站[6] 的 LCOE 为 67 美元/兆瓦时，作为跟随者的成本。根据中国五大上市电厂的年报，如华能[143]，为 λ 赋值 3%。此外，本章设审计机构对领先者的先验概率 $\nu = 0.5$[25]；电站的边际价值 $\mu = 15$；成本虚报 $a = 10$ 美元/兆瓦时；光伏发电企业通过成本虚报获得的收益 $h(s) = \rho a$；努力的负效用率 $k = 0.01$。如6.3节所述，这些参数在一定范围内波动。本章使用 $\psi(r) = ke^r$ 和 $\psi(r) = kr^2$ 作为成本削减努力的两种类型的负效用函数。表6-2总结了研究中使用的数据。

表 6-2 均衡分析的数据及其反事实分析的变化

	参数	下限	数值	上限
有量纲/(美元/兆瓦时)	c_l	47	57	67
	c_f	57	67	77
	a	5	10	30
无量纲	λ	1%	3%	10%
	ν	10%	50%	90%
	μ	5	15	25
	ρ	0.1	0.5	0.9
	k	0.001	0.01	0.10

注：参数分为两部分。c_l、c_f 和 a 以美元/兆瓦时为单位，其余为无量纲。数值用于平衡分析，其变化用于反事实分析

6.2.1 降低成本的努力

均衡分析表明，在严格审计的情况下光伏发电企业不太可能降低成本。研究还发现，宽松审计激励光伏发电企业做出更多努力来降低成本，如图 6-6(a) 所示。如图 6-6(b) 所示，光伏发电企业在宽松审计中比在严格审计中更努力地降低成本。图 6-6(c) 和图 6-6(d) 显示了几乎相同的结果。这一发现表明，在宽松的审计

下，跟随者比在严格的审计下更努力地降低成本。

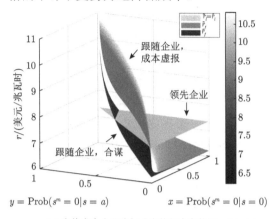

(a) 光伏发电企业降低成本的努力立体图, $\psi(r)=ke^r$

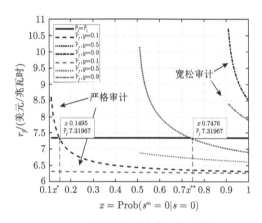

(b) 跟随者降低成本的努力平面图, $\psi(r)=ke^r$

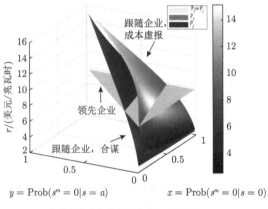

(c) 光伏发电企业降低成本的努力立体图, $\psi(r)=kr^2$

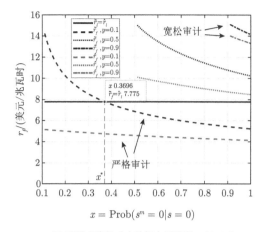

(d) 跟随者降低成本的努力平面图，$\psi(r)=kr^2$

图 6-6   与审计强度有关的降低成本的努力

言下之意是，应该非常谨慎地使用严格审计，因为它们并不总能降低成本，尤其是在一个合谋的市场中。均衡分析 (图 6-6) 指出光伏发电企业在宽松审计下努力工作，特别是在成本虚报的情况下。因此，合谋与非合谋的结果表明，严格审计抑制了降低成本努力的热情。这回答了 Q1，大多数监管者不喜欢严格审计，因为它们不会激励光伏发电企业降低成本的努力。

6.2.2   光伏发电企业的效用

在严格审计下，领先者的效用低于宽松审计，如图 6-7 所示。对此有两种可能的解释。首先，宽松审计并不能阻止领先者把自己伪装成跟随者。这个原因解释了为什么宽松审计可以提高领先者的效用。其次，当合谋发生时，严格审计削弱了光伏发电企业和审计机构之间的联盟。图 6-7(a) 和图 6-7(c) 显示了几乎相同的结果，证实了光伏发电企业更渴望在没有合谋的环境中运营。这一发现表明，宽松审计比严格审计更有效。Q1 的回答表明严格审计抑制了光伏发电企业的效用。

这意味着在合谋的背景下应该使用严格审计，因为它们限制了公司的效率。图 6-7 的均衡分析表明，合谋情况下光伏发电企业的效用小于成本虚报情况下光伏发电企业的效用。因此，合谋与非合谋的结果表明，当合谋发生时，严格审计效果良好。这回答了 Q1，也就是说，当合谋发生时，大多数监管者倾向于严格审计，因为这限制了光伏发电企业通过不道德的伪装获得的公用事业数量。

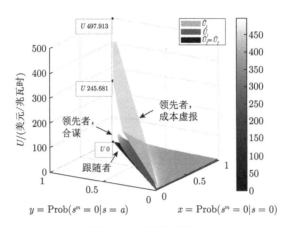

(a) 光伏发电企业的效用立体图, $\psi(r)=ke^r$

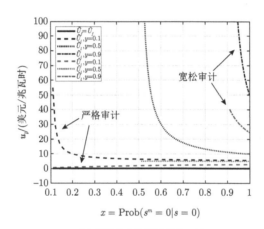

(b) 领先者的效用平面图, $\psi(r)=ke^r$

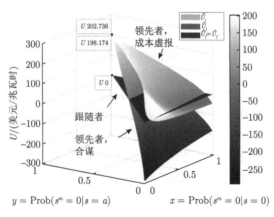

(c) 光伏发电企业的效用立体图, $\psi(r)=kr^2$

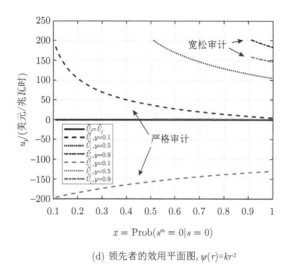

(d) 领先者的效用平面图，$\psi(r)=kr^2$

图 6-7 与审计强度有关的光伏发电企业效用

6.2.3 社会福利

不同情况下的社会福利倾向表明，严格审计适用于合谋的市场。这是因为在合谋的情况下，严格审计可以实现稳定的社会福利。如图 6-8(a) 和图 6-8(c) 所示，严格审计和宽松审计都会导致社会福利下降。然而，在合谋的情况下，严格审计维持了社会福利，图 6-8(b) 和图 6-8(d) 的结果支持这一发现。

这一发现意味着，在合谋的情况下，应该进行严格审计。对于合谋，严格审计不会导致社会福利的扭曲，而宽松审计会导致更大的扭曲。如图 6-8 所示，宽松审计导致社会福利的迅速扭曲。同时，严格审计导致社会福利不变。

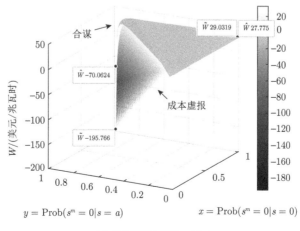

(a) 社会福利立体图，$\psi(r)=ke^r$

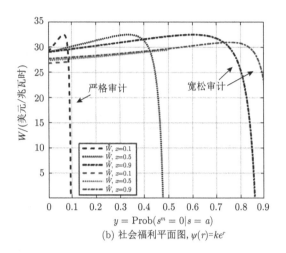

(b) 社会福利平面图, $\psi(r)=ke^r$

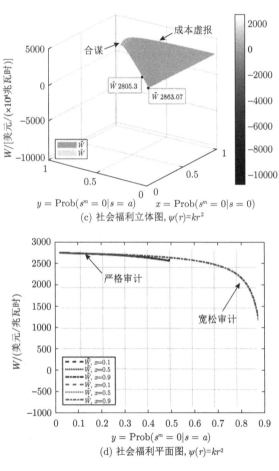

(c) 社会福利立体图, $\psi(r)=kr^2$

(d) 社会福利平面图, $\psi(r)=kr^2$

图 6-8　与审计强度有关的社会福利

表6-3对结果进行了比较，表明在本章研究涵盖的情况下，严格审计对监管者是有益的，特别是在合谋方面。表6-3中宽松审计和严格审计政策的第一行、第二行和第三行分别表示光伏发电企业的社会福利、效用和降低成本的努力。首先，两种政策对成本虚报情景的影响趋势相同，但变化程度不同。宽松审计扭曲了社会福利，增加了效用，并在很大程度上激励了削减成本的努力。相比之下，严格审计减轻了这种趋势，并导致适度的变化。因此，严格审计是适应成本虚报的合适策略。其次，审计政策对合谋情景的影响差异很大。当合谋被严格审计时，光伏发电企业的社会福利保持稳定，光伏发电企业的效用受到抑制。因此，严格审计是遏制合谋的有效策略。

表 6-3　审计比较

指标	宽松审计		严格审计	
	成本虚报	合谋	成本虚报	合谋
光伏发电企业的社会福利	向下扭曲	向下扭曲	轻微向下扭曲	稳定
光伏发电企业的效用	向上激励	向上激励	轻微向上激励	抑制
光伏发电企业降低成本的努力	向上激励	向上激励	轻微向上激励	抑制

注：本表是对成本虚报和合谋情况下的宽松审计和严格审计的比较

6.3　涉及参数的反事实分析

本节通过改变为均衡分析设计的参数设置来进行反事实分析。本节考察收益在成本虚报中的占比 ρ、领先者惩罚 t_i^q 和努力的负效用率 k 对社会福利、光伏发电企业效用和降低成本努力的影响。通过比较反事实分析的结果，本章确定了每个参数变化的影响。由于均衡分析表明，两个负效用函数得到的结果几乎相同，为了简单起见，本节只考虑 $\psi(r) = ke^r$ 作为一个负效用函数。

6.3.1　收益在成本虚报中的占比 ρ 的影响

在成本虚报的情景下，严格审计会导致扭曲的社会福利，激励光伏发电企业的效用和削减成本的努力。然而，合谋情景下严格审计提供了稳定的社会福利，抑制了光伏发电企业的效用和成本削减的努力。该结果与均衡分析结果一致。如图6-9所示，在两种反事实情景 $\rho = 0.1$ 和 $\rho = 0.9$ 中，光伏发电企业获得比基准情景多或少的收益。图 6-9(a) 和图 6-9(d) 表明，严格审计比宽松审计产生更轻的社会福利扭曲 (严格审计和宽松审计已在图 6-2 中定义)。图 6-9(b) 显示，成本虚报情景的严格审计轻微激励光伏发电企业的效用；图 6-9(e) 显示，合谋情景的严格审计抑制光伏发电企业的效用。图 6-9(c) 显示，成本虚报情景的严格审计轻微激励光伏发电企业的成本削减努力；图 6-9(f) 显示，合谋情景的严格审计抑制光伏发电企业的成本削减努力。合谋与不合谋的结果表明，当合谋发生时，严格审计可以稳定社会福利，抑制光伏发电企业的效用和降低成本的努力。因此，监管者愿意进行严格审计，以促进社会福利，特别是在合谋情景下。

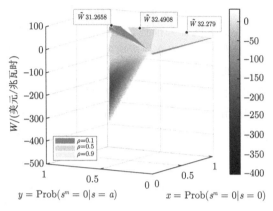

(a) 成本虚报情景下的社会福利

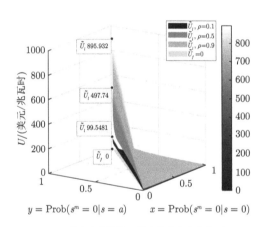

(b) 成本虚报情景下的光伏发电企业效用

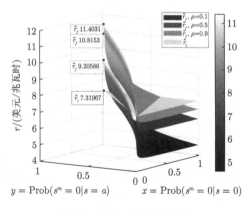

(c) 成本虚报情景下降低成本的努力

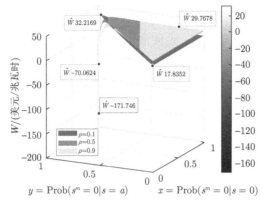

(d) 合谋情景下的社会福利

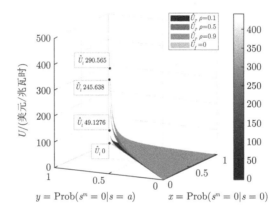

(e) 合谋情景下的光伏发电企业效用

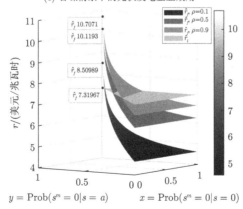

(f) 合谋情景下降低成本的努力

图 6-9 成本虚报的收益在成本虚报中的占比 ρ 对社会福利、光伏发电企业效用和降低成本努力的影响

6.3.2 成本虚报的惩罚 t_f^a 的影响

对处罚 t^a 的影响分析证实,监管者愿意进行严格审计,特别是对合谋进行审计。本章研究比较了拥有 $t_f^a = 0$ 和拥有 $t_f^a = -5$ 的光伏发电企业,如图6-10所示。在图 6-10(a) 和图 6-10(d) 中,本章研究发现社会福利在严格审计下保持较高水平,而在宽松审计下趋于下降。图 6-10(b) 和图 6-10(e) 显示,光伏发电企业的效用在严格审计下保持不变,在宽松审计下波动。同时,如图 6-10(c) 和图 6-10(f) 所示,严格审计抑制了光伏发电企业降低成本的努力。这个结果不会因惩罚是否发生而改变,因为这个结果不受惩罚 t_f^a 的影响。

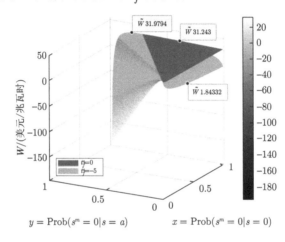

(a) 成本虚报情景下的社会福利

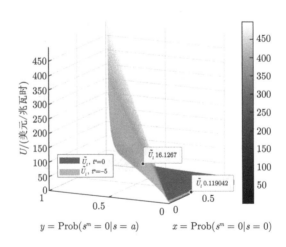

(b) 成本虚报情景的光伏发电企业效用

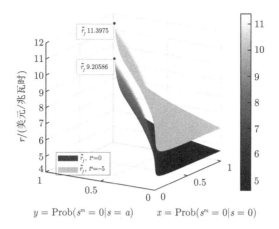

(c) 成本虚报情景下降低成本的努力

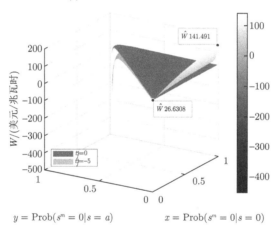

(d) 合谋情景下的社会福利

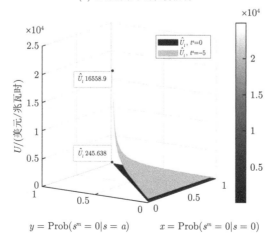

(e) 合谋情景下的光伏发电企业效用

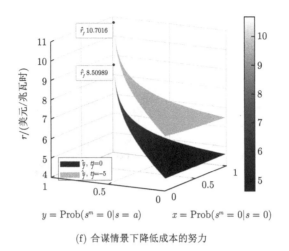

(f) 合谋情景下降低成本的努力

图 6-10　惩罚 t_f^a 对社会福利、光伏发电企业效用和降低成本努力的影响

6.3.3　努力负效用率 k 的影响

努力负效用率 k 的影响也说明监管者可以对合谋情景采取严格的审计。图 6-11(a) 及图 6-11(c) 显示，在合谋情景下，社会福利在严格审计下保持稳定。因此，监管者可以采用严格审计，以避免扭曲的社会福利。本章忽略了努力负效用率 k 对光伏发电企业效用 U 的影响，因为 k 不影响 U。图 6-11(b) 和图 6-11(d) 表明，严格审计分别在成本虚报和合谋的情况下导致轻微激励或抑制削减成本的努力。因此，k 的变化不会影响监管者的审计选择。这也回答了 Q2，严格审计应该在合谋中使用，无论努力负效用率 k 的不同取值范围。

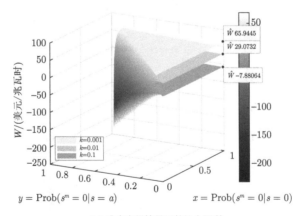

(a) 成本虚报情景下的社会福利

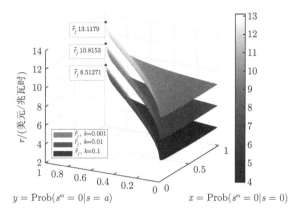

(b) 成本虚报情景下降低成本的努力

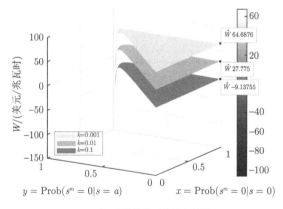

(c) 合谋情景下的社会福利

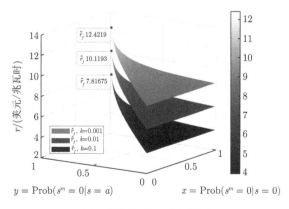

(d) 合谋情景下降低成本的努力

图 6-11　努力负效用率 k 对社会福利和降低成本努力的影响

6.3.4　参数对社会福利的影响

对这些参数的影响分析表明，它们的变化并不影响严格审计在社会福利方面的作用。图6-12显示了光伏发电企业发电成本的基线 $c_l = 57$ 美元/兆瓦时。它还考虑了 $c_l = 47$ 美元/兆瓦时和 $c_l = 67$ 美元/兆瓦时作为反事实分析的案例。这一趋势与当前光伏发电成本的下降趋势不谋而合。总税收程度 λ 的取值范围为 1%～10%，审计机构对领先的光伏发电企业的先验概率 ν 的取值范围为 10%～90%。c_f、μ 和 a 的取值如图6-13所示。跟随的光伏发电企业的发电成本 c_f 在 57～77 美元/兆瓦时变化，用户边际收益 μ 在 5～25 美元/兆瓦时变化，成本虚报收益 a 在 5～30 美元/兆瓦时变化。图6-12和图6-13显示，严格审计导致社会福利不变或略有扭曲。因此，c_l、c_f、λ、ν、μ、a 的变化与前面的分析结果并不矛盾。这也回答了 Q2，无论参数的范围如何，都应该对合谋进行严格审计。

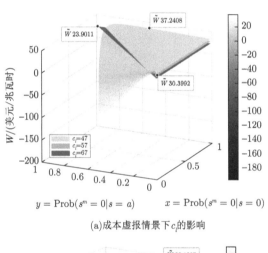

(a)成本虚报情景下c_l的影响

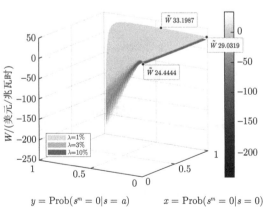

(b)成本虚报情景下λ的影响

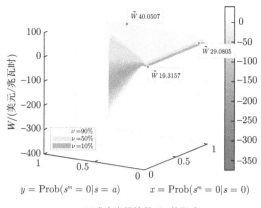

(c)成本虚报情景下ν的影响

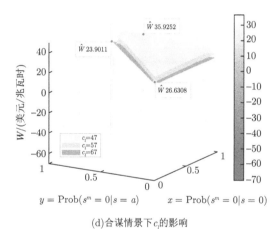

(d)合谋情景下c_i的影响

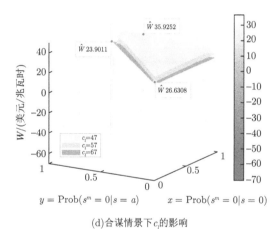

(e)合谋情景下λ的影响

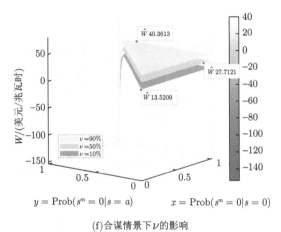

(f) 合谋情景下 ν 的影响

图 6-12　参数 c_l、λ、ν 对社会福利的影响

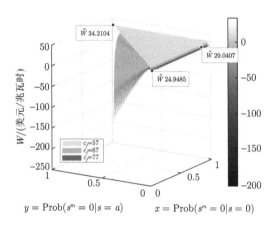

(a) 成本虚报情景下 c_f 的影响

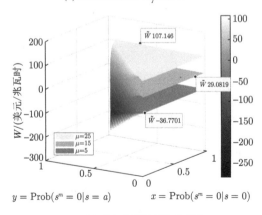

(b) 成本虚报情景下 μ 的影响

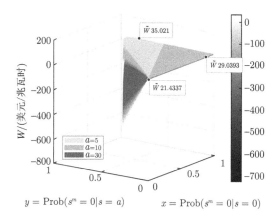

(c) 成本虚报情景下 a 的影响

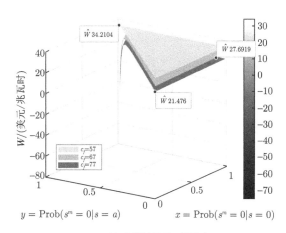

(d) 合谋情景下 c_f 的影响

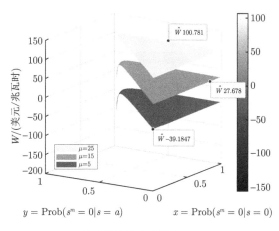

(e) 合谋情景下 μ 的影响

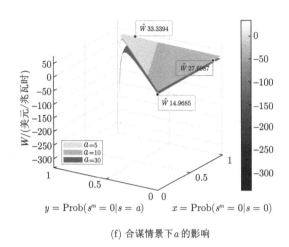

(f) 合谋情景下 a 的影响

图 6-13　参数 c_f、μ 和 a 对社会福利的影响

6.4　关于均衡与反事实分析的讨论

本节在均衡分析和反事实分析的基础上提出了建议。首先,严格审计比宽松审计更能有效地改善社会福利。然而,严格审计也有其局限性。相比之下,严格审计有助于光伏发电企业从虚报成本中获得效用。此外,严格审计会阻碍降低成本的努力。这些是严格审计的优点和缺点,可以作为 Q1 的答案。其次,在合谋的光伏发电情景中,严格审计产生突出的社会福利。因此,严格审计政策是监管者遏制合谋的合适选择。这一暗示回答了 Q2,即监管者可以使用严格审计来维持高水平的社会福利,特别是在合谋的光伏发电情景下。

将本章的研究结果与现有文献的研究结果进行比较,得出以下结论:最相关的研究是 Chiappinelli[76] 的研究,他比较了严格审计和宽松审计。政治合谋是这一现象的核心。他发现,在采购层级的顶端,合谋的采购人可以截留承包商的合谋款项,并激励公司虚报成本。本章假设采购人总是诚实的,但审计机构可能会被光伏发电企业收买。在这方面,我们面对一个更实际的问题,即光伏发电企业虚报成本并与审计机构合谋。其次,Chiappinelli[76] 认为诚实的采购人通过选择足够严格审计来阻止光伏发电企业虚报成本。本章研究与该项发现是一致的,即严格审计更有可能被诚实的监管者使用,而不是宽松审计。表6-3总结了本章的发现。

Bougheas 和 Worrall[75] 的工作也与本章研究有关。他们进行了分析研究,发现实际成本的增加减少了社会福利。本章研究与他们的一致,发现在成本虚报和合谋的情况下,实际成本与社会福利呈负相关。图 6-12(a)、图 6-12(d)、图 6-13(a)、

图 6-13(d) 通过揭示实际成本 c_l、c_f 和社会福利 W 之间的关系说明了这一发现。例如，在成本虚报情景下，光伏发电的实际成本 c_l 从 47 美元/兆瓦时增加到 67 美元/兆瓦时，社会福利从 37.2408 美元/兆瓦时减少到 23.9011 美元/兆瓦时，详见图6-12(a)。

关于成本虚报的甄别，本章与 Westerski 等 [77], Velasco 等 [78] 和 He 等 [71] 的研究有关。Westerski 等 [77] 提供的结果包括涵盖四年采购活动的实验，其中约有 216000 笔交易来自新加坡的一个大型政府组织。本章揭示了虚报背后的机制。[78] 的 DSS 结合了数据挖掘算法，量化了特定地区所有公共承包商的数十种合谋风险模式，从而提高了公共支出的质量，并发现了更多的虚报案件。本章研究不同于 DSS，因为涉及甄别不道德行为的内源性原则。本章研究类似于 [71]，他们比较了两个合同，发现了它们的优点和缺点。本章研究发现，严格审计更适合于合谋的光伏发电市场，尽管它们有一些缺点。

本章的研究结果与 Imam 等 [80]，Cummins 和 Gillanders[79] 以及 Jamil 和 Ahmad[81] 的结果相似，因为更高的威慑有助于打击电力部门的合谋。他们认为，如果建立独立的监管并对监管民营化，合谋对社会福利的负面影响将会减少。这些发现表明，设计良好的改革不仅可以直接提高部门绩效，还可以间接减少合谋等宏观层面制度缺陷对微观和宏观绩效指标的负面影响。本章的研究结果与以前的研究结果一致。首先，本章验证了严格审计可以抑制成本虚报和相关合谋。其次，通过激励相容和个体理性约束设计的新机制，为提高光伏行业绩效建立了有效的框架。

本章为今后的反合谋措施研究作出贡献。首先，本章采用严格审计策略来研究光伏发电项目中常见的成本虚报问题。未来的研究可以采用这种方法来研究与可再生能源项目有关的主题，特别是在合谋的环境中的类似主题。这些主题包括风力发电场、太阳能热发电和储能采购项目。其次，本章研究的显示原理适用于光伏发电合同订立后的合谋行为研究。

6.5 政 策 建 议

成本虚报及其合谋已经成为影响光伏发电发展的一个障碍。本章采用贝叶斯均衡模型和混合互补问题模型方法来研究如何通过限制审计机构的不道德行为来避免合谋。首先，本章考虑了光伏发电成本虚报审计环境，并开发了两种光伏发电成本虚报审计机制来研究促进社会福利的因素。一种是严格审计，另一种是宽松审计。本章发现，在大多数情况下，严格的设计可以实现高水平的社会福利。其次，本章研究光伏发电企业的效用最大化。在合谋的情况下，严格审计通过虚报成本抑制了光伏发电企业的效用。最后，本章研究了一个让光伏发电企业发挥最大努力的策略。本章发现严格审计有缺陷，因为它抑制了光伏发电企业投入的成本削减的努力。

本章研究的创新性体现在以下几个方面。第一，它是基于文献综述开展研究。调查发现，在光伏采购过程中，成本虚报和合谋现象普遍存在，在实际的光伏采购环境中，常规审计难以维持。因此，有必要检查严格或宽松审计是否在光伏发电的采购中发挥重要作用。为此，本章提出审计错误的概率，因为这有助于区分严格和宽松审计。第二，对电力行业的研究很少涉及合谋问题。本章运用显示原理建立了一个模型，并提出了遏制合谋的措施。此外，政策必须适应合谋的市场。因此，本章设置了成本虚报和合谋两个光伏发电场景来探讨成本虚报和合谋的预防措施。

通过比较严格和宽松审计，本章确定了遏制合谋的适当策略。本章的研究动机是双重的。第一，为了揭示合谋行为的本质，本章建立了一个反映监管者福利最大化的合谋预防机制。第二，为了减少合谋，本章增加了一个激励相容约束，以防止审计机构与光伏发电企业合谋。在均衡和反事实分析中，严格和宽松审计策略在社会福利、光伏发电企业的效用和降低成本的努力方面进行了比较。结果清楚地表明，严格审计对合谋有一定的限制，因此适于监管者采纳。

本章运用显示原理设计了一种防合谋机制。这一发现有三个原因。第一，纳什均衡解决混合互补问题。本章将目标函数定义为社会福利，即光伏用户的消费者剩余。第二，本章采用基于显示原理的激励相容约束，让光伏发电企业公布其获得最大效用的真实成本类型。第三，本章增加了个体理性约束以保证光伏发电企业的参与。因此，机制设计与光伏采购的实践相契合。

本章对政策建议的贡献如下。首先，在一个充斥着成本虚报和合谋的光伏市场上，严格审计可以实现显著的社会效益。严格审计也有助于限制合谋光伏发电企业的效用。因此，严格审计策略更适合于合谋的光伏发电市场。因此，监管机构应该进行严格审计，以最大限度地提高社会福利，特别是在合谋的光伏发电市场。其次，监管机构在使用宽松审计策略时应谨慎，因为这会降低社会福利。

6.6　本 章 小 结

本章理论分析了成本虚报、合谋的光伏发电市场均衡，并从宽松、严格审计两个层次展开研究，对光伏供应商的成本虚报行为进行深入探讨，得到若干光伏发电采购中的监管政策启示。本章使用贝叶斯均衡分析方法，构建优化问题模型；将优化问题转化为混合互补问题；通过甄别手段，规避成本虚报的诚信缺失行为；借助道德风险规避方法给出监管政策启示。

本章探讨了成本虚报的道德风险行为的影响。通过理论分析，本章得到以下结论。首先，领先的供应商可能会模仿跟随者，参与成本虚报。其次，严格的审计有缺陷，因为它会抑制光伏发电企业的降低成本的努力程度。但是，在合谋的场景下，严格审计能获得恒定的社会福利，是一种适宜的措施。本章的研究结果对于抑制光伏发电成本虚报和合谋行为的影响，提高光伏发电采购的监管效果具有一定的参考价值。

参 考 文 献

[1] 何建坤, 卢兰兰, 王海林. 经济增长与二氧化碳减排的双赢路径分析[J]. 中国人口·资源与环境, 2018, 28(10): 9-17.

[2] 国家发展改革委, 国家能源局. 电力发展"十三五"规划(2016—2020 年)[EB/OL]. [2024-06-12]. https://www.ndrc.gov.cn/xxgk/zcfb/ghwb/201612/P020190905497888172833.pdf.

[3] 中共中央, 国务院. 中共中央、国务院关于进一步深化电力体制改革的若干意见(中发〔2015〕9 号)[EB/OL]. [2015-03-15]. https://zcfg.cs.com.cn/chl/58f5139dbe0648a3bdfb.html?libraryCurrent=InnerParty.

[4] 杜祥琬. "远方来"和"身边来"相结合 我国能源革命的新思路[J].可持续发展经济导刊, 2019, (Z2): 18-20.

[5] 何建坤. 《巴黎协定》后全球气候治理的形势与中国的引领作用[J]. 中国环境管理, 2018, 10(1): 9-14.

[6] IRENA. 2018. Renewable power generation costs in 2018[EB/OL]. [2024-06-12]. https://www.irena.org/publications/2019/May/Renewable-power-generation-costs-in-2018.

[7] 何建坤. 全球气候治理新形势及我国对策[J]. 环境经济研究, 2019, 4(3): 1-9.

[8] 国家能源局. 国家能源局关于《中华人民共和国能源法(征求意见稿)》公并征求意见的公告[EB/OL]. [2020-04-10]. http://www.nea.gov.cn/2020-04/10/c_138963212.htm.

[9] 国家发展改革委. 可再生能源发展"十三五"规划[EB/OL]. [2017-12-12]. https://www.ndrc.gov.cn/xxgk/zcfb/ghwb/201612/W020190905497880506725.pdf.

[10] 国家发展改革委, 国家能源局. 关于积极推进风电、光伏发电无补贴平价上网有关工作的通知(发改能源〔2019〕19 号)[EB/OL]. [2019-01-07]. http://zfxxgk.ndrc.gov.cn/web/iteminfo.jsp?id=16074.

[11] 国家发展改革委办公厅, 国家能源局综合司. 关于公布 2019 年第一批风电、光伏发电平价上网项目的通知(发改办能源〔2019〕594 号)[EB/OL]. [2019-05-20]. http://www.ndrc.gov.cn/zcfb/zcfbtz/201905/t20190522_936543.html.

[12] 衣博文, 许金华, 范英. 我国可再生能源配额制中长期目标的最优实现路径及对电力行业的影响分析[J]. 系统工程学报, 2017, 32(3): 313-324.

[13] Siddiqui A S, Tanaka M, Chen Y. Are targets for renewable portfolio standards too low? The impact of market structure on energy policy[J]. European Journal of Operational Research, 2016, 250(1): 328-341.

[14] 程承, 王震, 刘慧慧, 等. 执行时间视角下的可再生能源发电项目激励政策优化研究[J]. 中国管理科学, 2019, 27(3): 157-167.

[15] 王茵. 我国光伏产业的财政政策效应研究[D]. 杭州: 浙江大学, 2016.

[16] 国家能源局综合司. 国家能源局综合司征求《关于实行可再生能源电力配额制的通知》意见的函[EB/OL]. [2018-11-15]. http://www.nea.gov.cn/2018-11/15/c_137607356.htm.

[17] 国家能源局. 国家能源局关于推进光伏发电"领跑者"计划实施和 2017 年领跑基地建设有关要求的通知[EB/OL]. [2017-09-22]. http://zfxxgk.nea.gov.cn/auto87/201709/t20170922_2971.htm.

[18] 证券日报网. 国家能源局废止大同二期中标结果"领跑者"计划背后悲喜不同[EB/OL].
    [2018-04-02]. http://www.zqrb.cn/gscy/qiyexinxi/2018-04-02/A1522684510872.html.

[19] 康重庆, 王毅, 张靖, 等. 国家能源互联网发展指标体系与态势分析[J]. 电信科学, 2019,
    35(6): 2-14.

[20] 杜祥琬, 曾鸣. 关于能源与电力"十四五"规划的八点建议(评论)[EB/OL]. [2019-06-10].
    http://paper.people.com.cn/zgnyb/html/2019-06/10/content_1930201.htm.

[21] 国务院扶贫办综合司, 国家能源局综合司, 政部办公厅. 关于对纳入国家补助目录光伏扶
    贫项目有关情况核查的通知[EB/OL]. [2018-05-11]. https://www.gov.cn/zhengce/zhengce
    ku/2018-12/31/content_5462723.htm.

[22] 辽宁停止一切光伏扶贫项目建设! [EB/OL]. [2018-10-15]. http://guangfu.bjx.com.cn/news/
    20181015/933788.shtml.

[23] Alizamir S, de Vericourt F, Sun P. Efficient feed-in-tariff policies for renewable energy
    technologies[J]. Operations Research, 2016, 64(1): 52-66.

[24] Yang D X, Chen Z Y, Nie P Y. Output subsidy of renewable energy power industry under
    asymmetric information[J]. Energy, 2016, 117: 291-299.

[25] Hao P, Guo J P, Chen Y, et al. Does a combined strategy outperform independent policies?
    Impact of incentive policies on renewable power generation[J]. Omega-International
    Journal of Management Science, 2020, 97 : 102100.

[26] Myojo S, Ohashi H. Effects of consumer subsidies for renewable energy on industry growth
    and social welfare: the case of solar photovoltaic systems in Japan[J]. Journal of the
    Japanese and International Economies, 2018, 48: 55-67.

[27] Zakeri B, Price J, Zeyringer M, et al. The direct interconnection of the UK and Nordic
    power market : impact on social welfare and renewable energy integration[J]. Energy, 2018,
    162: 1193-1204.

[28] Neill D R. Wind energy/hydrogen production r&d in Hawaii[C]//Bilgen E, Hollands K G
    T. Proceedings of the Ninth Biennial Congress of the International Solar Energy Society.
    Washington: U.S. Department of Energy Office of Scientific and Technical Information,
    1986: 2137-2141.

[29] Rader N A, Norgaard R B. Efficiency and sustainability in restructured electricity markets:
    the renewables portfolio standard[J]. The Electricity Journal, 1996, 9(6): 37-49.

[30] Berry T, Jaccard M. The renewable portfolio standard: design considerations and an
    implementation survey[J]. Energy Policy, 2001, 29(4): 263-277.

[31] Fan J, Sun W, Ren D M. Renewables portfolio standard and regional energy structure
    optimisation in China[J]. Energy Policy, 2005, 33(3): 279-287.

[32] Nishio K, Asano H. Supply amount and marginal price of renewable electricity under the
    renewables portfolio standard in Japan[J]. Energy Policy, 2006, 34(15): 2373-2387.

[33] Amundsen E S, Bergman L. Green certificates and market power on the nordic Power
    Market[J]. The Energy Journal, 2012, 33(2): 101-118.

[34] Sadeghi H, Abdollahi A, Rashidinejad M. Evaluating the impact of FIT financial burden on
    social welfare in renewable expansion planning[J]. Renewable Energy, 2015, 75: 199-209.

[35] Menz F C, Vachon S. The effectiveness of different policy regimes for promoting wind power: experiences from the states[J]. Energy Policy, 2006, 34(14): 1786-1796.

[36] Yin H T, Powers N. Do state renewable portfolio standards promote in-state renewable generation?[J]. Energy Policy, 2010, 38(2): 1140-1149.

[37] Böhringer C, Cuntz A, Harhoff D, et al. The impact of the German feed-in tariff scheme on innovation: evidence based on patent filings in renewable energy technologies[J]. Energy Economics, 2017, 67: 545-553.

[38] García-Álvarez M T, Cabeza-Garcia L, Soares I. Analysis of the promotion of onshore wind energy in the EU: feed-in tariff or renewable portfolio standard?[J]. Renewable Energy, 2017, 111: 256-264.

[39] Boomsma T K, Meade N, Fleten S E. Renewable energy investments under different support schemes: a real options approach[J]. European Journal of Operational Research, 2012, 220(1): 225-237.

[40] Murphy F, Smeers Y. On the impact of forward markets on investments in oligopolistic markets with reference to electricity[J]. Operations Research, 2010, 58(3): 515-528.

[41] Dong Y L, Shimada K. Evolution from the renewable portfolio standards to feedin tariff for the deployment of renewable energy in Japan[J]. Renewable Energy, 2017, 107: 590-596.

[42] Abrardi L, Cambini C. Tariff regulation with energy efficiency goals[J]. Energy Economics, 2015, 49: 122-131.

[43] Fischer C. Renewable portfolio standards: when do they lower energy prices?[J]. The Energy Journal, 2010, 31(1): 101-120.

[44] Zhou Y, Wang L Z, McCalley J D. Designing effective and efficient incentive policies for renewable energy in generation expansion planning[J]. Applied Energy, 2011, 88(6): 2201-2209.

[45] Khazaei J, Coulon M, Powell W B. ADAPT: a price-stabilizing compliance policy for renewable energy certificates: the case of SREC markets[J]. Operations Research, 2017, 65(6): 1429-1445.

[46] Antweiler W. A two-part feed-in-tariff for intermittent electricity generation[J]. Energy Economics, 2017, 65: 458-470.

[47] Haas R, Resch G, Panzer C, et al. Efficiency and effectiveness of promotion systems for electricity generation from renewable energy sources : lessons from EU countries[J]. Energy, 2011, 36(4): 2186-2193.

[48] Mormann F. Enhancing the investor appeal of renewable energy[D]. Fort Worth: Texas A&M University School of Law, 2012.

[49] Butler L, Neuhoff K. Comparison of feed-in tariff, quota and auction mechanisms to support wind power development[J]. Renewable Energy, 2008, 33(8): 1854-1867.

[50] Ritzenhofen I, Birge J R, Spinler S. The structural impact of renewable portfolio standards and feed-in tariffs on electricity markets[J]. European Journal of Operational Research, 2016, 255(1): 224-242.

[51] Zhang Q, Wang G, Li Y, et al. Substitution effect of renewable portfolio standards and

renewable energy certificate trading for feed-in tariff[J]. Applied Energy, 2018, 227: 426-435.

[52] Chen Y, Wang L Z. Renewable portfolio standards in the presence of green consumers and emissions trading[J]. Networks and Spatial Economics, 2013, 13(2): 149-181.

[53] Ciarreta A, Espinosa M P, Pizarro-Irizar C. Optimal regulation of renewable energy: a comparison of Feed-in Tariffs and Tradable Green Certificates in the Spanish electricity system[J]. Energy Economics, 2017, 67: 387-399.

[54] de Jonghe C, Delarue E, Belmans R, et al. Interactions between measures for the support of electricity from renewable energy sources and CO_2 mitigation[J]. Energy Policy, 2009, 37(11): 4743-4752.

[55] Tsao C C, Campbell J E, Chen Y. When renewable portfolio standards meet capand-trade regulations in the electricity sector: market interactions, profits implications, and policy redundancy[J]. Energy Policy, 2011, 39(7): 3966-3974.

[56] Tanaka M, Chen Y. Market power in renewable portfolio standards[J]. Energy Economics, 2013, 39: 187-196.

[57] Ritzenhofen I, Spinler S. Optimal design of feed-in-tariffs to stimulate renewable energy investments under regulatory uncertainty : a real options analysis[J]. Energy Economics, 2016, 53: 76-89.

[58] Burguet R, Che Y K. Competitive procurement with corruption[J]. The RAND Journal of Economics, 2004, 35(1): 50-68.

[59] Celentani M, Ganuza J J. Corruption and competition in procurement[J]. European Economic Review, 2002, 46(7): 1273-1303.

[60] Wang H. Quality manipulation and limit corruption in competitive procurement [J]. European Journal of Operational Research, 2020, 283(3): 1124-1135.

[61] Burguet R. Procurement design with corruption[J]. American Economic Journal: Microeconomics, 2017, 9(2): 315-341.

[62] Huang Y G, Xia J J. Procurement auctions under quality manipulation corruption [J]. European Economic Review, 2019, 111: 380-399.

[63] Klemperer P. What really matters in auction design[J]. Journal of Economic Perspectives, 2002, 16(1): 169-189.

[64] Dechenaux E, Kovenock D. Tacit collusion and capacity withholding in repeated uniform price auctions[J]. The RAND Journal of Economics, 2007, 38(4): 1044-1069.

[65] Matsukawa I. Detecting collusion in retail electricity markets: results from Japan for 2005 to 2010[J]. Utilities Policy, 2019, 57: 16-23.

[66] Samadi M, Hajiabadi M E. Assessment of the collusion possibility and profitability in the electricity market: a new analytical approach[J]. International Journal of Electrical Power & Energy Systems, 2019, 112: 381-392.

[67] Palacio S M. Predicting collusive patterns in a liberalized electricity market with mandatory auctions of forward contracts[J]. Energy Policy, 2020, 139: 111311.

[68] Woo C K, Karimov R I, Horowitz I. Managing electricity procurement cost and risk by a

local distribution company[J]. Energy Policy, 2004, 32(5): 635-645.

[69] Hattori T. Determinants of the number of bidders in the competitive procurement of electricity supply contracts in the Japanese public sector[J]. Energy Economics, 2010, 32(6): 1299-1305.

[70] Che Y K, Condorelli D, Kim J. Weak cartels and collusion-proof auctions[J]. Journal of Economic Theory, 2018, 178: 398-435.

[71] He Z, Zhang Y W, He S G, et al. Warranty service outsourcing contracts decision considering warranty fraud and inspection[J]. International Transactions in Operational Research, 2021, 28(4): 1952-1977.

[72] Schiff M, Lewin A Y. The impact of people on budgets[J]. The Accounting Review, 1970, 45(2): 259-268.

[73] Baron D P, Myerson R. Regulating a monopolist with unknown costs[J]. Econometrica, 1982, 50(4): 911-930.

[74] Lacker J M, Weinberg J A. Optimal contracts under costly state falsification[J]. Journal of Political Economy, 1989, 97(6): 1345-1363.

[75] Bougheas S, Worrall T. Cost padding in regulated monopolies[J]. International Journal of Industrial Organization, 2012, 30(4): 331-341.

[76] Chiappinelli O. Political corruption in the execution of public contracts[J]. Journal of Economic Behavior & Organization, 2020, 179: 116-140.

[77] Westerski A, Kanagasabai R, Shaham E, et al. Explainable anomaly detection for procurement fraud identification : lessons from practical deployments[J]. International Transactions in Operational Research, 2021, 28(6): 3276-3302.

[78] Velasco R B, Carpanese I, Interian R, et al. A decision support system for fraud detection in public procurement[J]. International Transactions in Operational Research, 2021, 28(1): 27-47.

[79] Cummins M, Gillanders R. Greasing the Turbines? Corruption and access to electricity in Africa[J]. Energy Policy, 2020, 137: 111188.

[80] Imam M I, Jamasb T, Llorca M. Sector reforms and institutional corruption: evidence from electricity industry in Sub-Saharan Africa[J]. Energy Policy, 2019, 129: 532-545.

[81] Jamil F, Ahmad E. Policy considerations for limiting electricity theft in the developing countries[J]. Energy Policy, 2019, 129: 452-458.

[82] Laffont J J, Tirole J. A Theory of Incentives in Procurement and Regulation[M]. Cambridge : The MIT Press, 1993: 53-69.

[83] Laffont J J, Martimort D. The Theory of Incentives: The Principal-Agent Model[M]. Princeton : Princeton University Press, 2002 : 32-48.

[84] Laffont J J. Applied Incentive Theory[M]. Beijing : Peking University Press, 2001.

[85] Bolton P, Dewatripont M. Contract Theory[M]. Cambridge : The MIT Press, 2005: 47-57.

[86] Varian H R. Microeconomic Analysis[M]. 3rd ed. New York: Norton, 1992: 498-504.

[87] Silberberg E, Suen W. The Structure of Economics: A Mathematical Analysis[M]. 3rd ed. Shanghai: Shanghai University of Finance & Economics Press, 2005: 151-174.

[88] 平新乔. 微观经济学十八讲[M]. 北京: 北京大学出版社, 2000: 236-244.

[89] 范里安 H R. 微观经济分析[M]. 3 版. 王文举, 滕飞, 王方军, 等, 译. 北京:中国人民大学出版社, 2024: 368-383.

[90] Sethi S P, Thompson G L. Optimal Control Theory: Applications to Management Science and Economics[M]. 2nd ed. Berlin : Springer, 2005: 23-48.

[91] Bryson A E, Ho Y C, Siouris G M. Applied Optimal Control: Optimization, Estimation, and Control[M]. New York : Routledge, 1975: 95-102.

[92] 刘豹, 唐万生. 现代控制理论[M]. 3 版. 北京:机械工业出版社, 2006: 230-266.

[93] Laffont J J, Tirole J. A Theory of Incentives in Procurement and Regulation[M]. Cambridge : The MIT Press, 1993: 53-69.

[94] Lariviere M A, Porteus E L. Selling to the newsvendor: an analysis of price-only contracts[J]. Manufacturing & Service Operations Management, 2001, 3(4): 293-305.

[95] Banciu M, Mirchandani P. Technical note : new results concerning probability distributions with increasing generalized failure rates[J]. Operations Research, 2013, 61(4): 925-931.

[96] REN21. Renewables 2016 Global Status Report[EB/OL]. International Energy Agency/Nuclear Energy Agency. 2016. http://www.ren21.net/wp-content/uplo ads/2016/10/REN21_GSR2016_FullReport_en_11.pdf.

[97] Lin B,Wu W. Cost of long distance electricity transmission in China[J]. Energy Policy, 2017, 109: 132-140.

[98] REN21. Renewables 2017 Global Status Report[EB/OL]. International Energy Agency/ Nuclear Energy Agency. 2017. http://www.ren21.net/wp-content/uplo ads/2017/06/17-8399_GSR_2017_Full_Report_0621_Opt.pdf.

[99] Choi G, Huh S Y, Heo E, et al. Prices versus quantities: comparing economic efficiency of eed-in tariff and renewable portfolio standard in promoting renewable electricity generation[J]. Energy Policy, 2018, 113: 239-248.

[100] Böhringer C, Rosendahl K E. Green promotes the dirtiest: on the interaction between black and green quotas in energy markets[J]. Journal of Regulatory Economics, 2010, 37(3): 316-325.

[101] Dahlby B. The Marginal Cost of Public Funds: Theory and Applications[M]. Cambridge : The MIT Press, 2008: 283-298.

[102] Gabriel S A, Conejo A J, Fuller J D, et al. Complementarity Modeling in Energy Markets[M]. New York : Springer, 2013.

[103] Nicholson W. Microeconomic Theory: Basic Principles and Extensions[M]. 9th ed. New York: Example Product Manufacturer, 2004: 161-170.

[104] IEA, NEA. Projected costs of generating electricity[EB/OL].[2024-06-17]. http://www.oecd-nea.org/ndd /pubs/2015/7057-proj-costs-electricity-2015.pdf.

[105] 华能国际电力股份有限公司 2017 年年度报告[EB/OL]. [2018-03-14]. http://static.sse.com. cn//disclosure/listedinfo/announc ement/c/2018-03-14/600011_2017_n.pdf.

[106] 大唐国际发电股份有限公司 2017 年年度报告[EB/OL].[2018-03-29]. http://static.sse.com. cn//disclosure/listedinfo/announc ement/c/2018-03-30/601991_2017_n.pdf.

[107] 华电国际电力股份有限公司 2017 年年度报告[EB/OL]. [2018-03-26]. http://static.sse.com. cn//disclosure/listedinfo/announc ement/c/2018-03-27/600027_2017_n.pdf.

[108] 国电电力发展股份有限公司 2017 年年度报告[EB/OL]. [2018-04-13]. http://static.sse.com. cn//disclosure/listedinfo/announc ement/c/2018-04-17/600795_2017_n.pdf.

[109] 国投电力控股股份有限公司 2017 年年度报告[EB/OL].[2018-03-26]. http://static.sse.com. cn//disclosure/listedinfo/announcement/c/2018-03-27/600886_2017_n.pdf.

[110] 国家能源局. 国家能源局关于建立可再生能源开发利用目标引导制度的指导意见 [EB/OL]. [2016-02-29]. http://zfxxgk.nea.gov.cn/auto87/201603/t20160303_2205.htm.

[111] 国家能源局. 国家能源局综合司关于征求《可再生能源电力配额及考核办法（征求意见 稿)》意见的函[EB/OL]. [2018-03-23]. http://zfxxgk.nea.gov.c n/auto87/201803/t20180323_ 3131.htm.

[112] Basdevant O, Abdou A, Fazekas M, et al. Assessing vulnerabilities to corruption in public procurement and their price impact[EB/OL]. [2024-05-26]. https://www.imf.org/en/ Publications/WP/Issues/2022/05/20/Assessing-Vulnerabilities-to-Corruption-in-Public-Procurement-and-Their-Price-Impact-518197.

[113] ROK's Joongang Ilbo. The Moon Jae-in administration has been exposed as being involved in corruption involving projects worth more than 200 billion won[Z]. http://society. sohu.com/a/586745571_120267395. 2022.

[114] Stevović I, Mirjanić D, Stevović S. Possibilities for wider investment in solar energy implementation[J]. Energy, 2019, 180: 495-510.

[115] Rathore P K S, Rathore S, Pratap Singh R, et al. Solar power utility sector in India: challenges and opportunities[J]. Renewable and Sustainable Energy Reviews, 2018, 81: 2703-2713.

[116] Moliterni F. Analysis of public subsidies to the solar energy sector: corruption and the role of institutions[D]. Milano : Fondazione Eni Enrico Mattei, 2017.

[117] Debnath K B, Mourshed M. Corruption significantly increases the capital cost of power plants in developing contexts[J]. Frontiers in Energy Research, 2018, 6: 8.

[118] Rignall K E. Solar power, state power, and the politics of energy transition in pre-Saharan Morocco[J]. Environment and Planning A: Economy and Space, 2016, 48(3): 540-557.

[119] Aly A, Moner-Girona M, Szabó S, et al. Barriers to large-scale solar power in Tanzania[J]. Energy for Sustainable Development, 2019, 48: 43-58.

[120] Labordena M, Patt A, Bazilian M, et al. Impact of political and economic barriers for concentrating solar power in Sub-Saharan Africa[J]. Energy Policy, 2017, 102: 52-72.

[121] World Bank Group. Fraud and corruption awareness handbook : a handbook for civil servants involved in public procurement (English)[EB/OL]. [2014-04-25]. http://documents. worldbank.org/curated/en/309511468156866119/Fraud-and-corruption-awareness-handbook-a-handbook-for-civil-%20serva nts-involved-in-public-procurement.

[122] Krishna V. Auction Theory[M]. 2nd ed. Burlington : Academic Press, 2009.

[123] IEA. Projected costs of generating electricity : 2020 Edition[Z]. [2024-06-17]. https://iea. blob.core.windows.net/assets/ae17da3d-e8a5-4163-a3ec-2e6fb0b5677d/Projected-Costs-of-

Generating-Electricity-2020.pdf.

[124] Liu D, Liu Y M, Sun K. Policy impact of cancellation of wind and photovoltaic subsidy on power generation companies in China[J]. Renewable Energy, 2021, 177: 134-147.

[125] Chen Z Y,Wang T L. Photovoltaic subsidy withdrawal: an evolutionary game analysis of the impact on Chinese stakeholders' strategic choices[J]. Solar Energy, 2022, 241: 302-314.

[126] Song Y Z, Liu T S, Ye B, et al. Linking carbon market and electricity market for promoting the grid parity of photovoltaic electricity in China[J]. Energy, 2020, 211: 118924.

[127] Compte O, Lambert-Mogiliansky A, Verdier T. Corruption and competition in procurement auctions[J]. The RAND Journal of Economics, 2005, 36(1): 1-15.

[128] Eltamaly A M, Sayed Mohamed Y, el-Sayed A H M, et al. Power quality and reliability considerations of photovoltaic distributed generation[J]. Technology and Economics of Smart Grids and Sustainable Energy, 2020, 5: 25.

[129] Oviedo Hernandez G, Godinho Ariolli D M, Enriquez Paez P S, et al. Trends and innovations in photovoltaic operations and maintenance[J]. Progress in Energy, 2022, 4(4): 042002.

[130] Pacana A, Siwiec D. Model to predict quality of photovoltaic panels considering customers' expectations[J]. Energies, 2022, 15(3) : 1101.

[131] Che Y K. Design competition through multidimensional auctions[J]. The RAND Journal of Economics, 1993, 24(4): 668-680.

[132] Branco F. The design of multidimensional auctions[J]. The RAND Journal of Economics, 1997, 28(1): 63-81.

[133] Asker J, Cantillon E. Properties of scoring auctions[J]. The RAND Journal of Economics, 2008, 39(1): 69-85.

[134] Asker J, Cantillon E. Procurement when price and quality matter[J]. The RAND Journal of Economics, 2010, 41(1): 1-34.

[135] di Corato L, Dosi C, Moretto M. Multidimensional auctions for long-term procurement contracts with early-exit options: the case of conservation contracts [J]. European Journal of Operational Research, 2018, 267(1): 368-380.

[136] Kokott G M, Bichler M, Paulsen P. The beauty of Dutch: ex-post split-award auctions in procurement markets with diseconomies of scale[J]. European Journal of Operational Research, 2019, 278(1): 202-210.

[137] Paulsen P, Bichler M, Kokott G M. The beauty of Dutch: bidding behavior in combinatorial first-price procurement auctions[J]. European Journal of Operational Research, 2021, 291(2) : 711-721.

[138] Murali K, Lim M K, Petruzzi N C. The effects of ecolabels and environmental regulation on green product development[J]. Manufacturing & Service Operations Management, 2019, 21(3): 519-535.

[139] Laffont J J, Tirole J. Using cost observation to regulate firms[J]. Journal of Political Economy, 1986, 94(3): 614-641.

[140] 国家发展和改革委员会. 关于 2021 年新能源上网电价政策有关事项的通知[EB/OL]. [2021-06-11]. https://www.ndrc.gov.cn/xwdt/tzgg/202106/t20210611_1283089.html?

code=&state=123.

[141] Bank of China. Bank of China Exchange Rate[Z]. [2024-06-17]. https://www.boc.cn/sourcedb/ whpj/enindex_1619.html.

[142] 国家发展改革委，财政部，国家能源局. 国家发展改革委 财政部 国家能源局关于 2018 年光伏发电有关事项的通知[EB/OL]. [2018-05-31]. http://www.nea.gov.cn/2018-06/01/c_ 137223460.htm.

[143] 上海证券交易所. 华能国际电力股份有限公司 600011 上市公司公告全文[EB/OL]. [2024-05-26]. http://www.sse.com.cn/assortment/stock/list/info/announcement/index.shtml?productId= 600011.

[144] Jin H. Exclusive: SEC probes Tesla over whistleblower claims on olar panel defects [EB/OL]. [2024-05-26]. https://datafloq.com/news/exclusive-sec-probes-tesla-whistleblower- claims-solar-panel-defects/.

[145] Business Insider. How Elon Musk transformed his cousins' solar panel company into Tesla Energy, which has faced lawsuits from angry shareholders and consumers[Z]. Generic. https://www.businessinsider.com/solarcity-tesla-energy-beleaguered-history-elon- musk-2021-7.

[146] Consumer News and Business Channel. Twitter has suspended the accounts of a prominent Tesla and Elon Musk critic, PlainSite founder Aaron Greenspan[EB/OL]. [2023-06-15]. https://www.cnbc.com/2023/06/15/elon-musk-led-twitter-suspendedplainsite-a-promine nt-tesla-critic.html.

[147] Hyun-Woo N. $189 mil. wasted executing renewable energy projects during Moon gov't [EB/OL]. [2023-12-11]. https://www.koreatimes.co.kr/www/nation/2023/07/113_335983.html.

[148] Korea JoongAng Daily. Solar power projects festering with corruption[Z]. [2023-07-04]. https://koreajoongangdaily.joins.com/2023/07/04/opinion/editorials/solar-power-renew able-energy/20230704201705762.html.

[149] Korean Broadcasting System. 580 bln won in irregularities found in energy projects of moon gov't[EB/OL]. https://world.kbs.co.kr/ service/news_view.htm?lang=e&Seq_Code= 178862.

[150] Dopuch N, King R R. Negligence versus strict liability regimes in auditing: an experimental investigation[J]. The Accounting Review, 1992, 67(1): 97-120.

[151] Baker C R. Investigating Enron as a public private partnership[J]. Accounting, Auditing & Accountability Journal, 2003, 16(3): 446-466.

[152] Baralexis S. Creative accounting in small advancing countries[J]. Managerial Auditing Journal, 2004, 19(3): 440-461.

[153] Kontokosta C E, Spiegel-Feld D, Papadopoulos S. The impact of mandatory energy audits on building energy use[J]. Nature Energy, 2020, 5: 309-316.

后　记

　　本书是作者所在研究团队对中国太阳能光伏发电行业及其激励政策研究思考的阶段性成果。本书在复杂的政策环境和非对称的信息环境下研究光伏发电的激励机理，在光伏发电发展的转型关键时期为行业激励政策的选择提供政策建议，分析当下制约行业发展、影响较为严重的道德风险行为，明确未来我国适用的光伏发电激励政策。遵循这一研究思路，我们与其他合作者撰写了诸多论文，先后发表在诸如 *European Journal of Operational Research*、*Omega*、*Energy Economics*、*Journal of Environmental Management* 和《中国软科学》等国内外高水平刊物上。与以往的研究成果相比，本书以更全面的研究视角和更严谨的理论逻辑进行论述。

　　本书最终能够付梓，要感谢科学出版社的编辑老师等为本书的出版所做的不懈努力。在本书编辑校对过程中，他们付出了大量的时间和精力，从修辞手法、标点符号到符号表示，进行了多轮商讨，为我们提供了许多宝贵的意见和建议，这种对待学术严谨治学、克己求真的态度给我们留下了深刻的印象，其工匠精神与精益求精的态度是我们学习的榜样！

　　感谢国际能源经济协会副主席、国家自然科学基金委员会创新研究群体学术带头人、国家级领军人才、北京航空航天大学经济管理学院院长范英教授在本书编纂过程中的支持与关怀。一直以来，范英老师以其严谨的学术态度、高度的人文关怀、儒雅的处世方式深深地影响着我们。本书成稿过程中，与范英老师多次交流研究边界的设定与研究框架的调整，为书籍的顺利出版奠定了坚实基础。在此，我们表示衷心的感谢和深深的敬意。

　　虽然我们在本书的写作过程中付出了最大的努力，但难免存在疏漏和不足之处。在此，我们恳请各位读者不吝指正！

作　者

2024 年 9 月